ナツメ社

はじめに

2500年以上も昔の兵法でありながら、今でも多くの政治家や経営者に学ばれている「孫子の兵法」。それはさまざまな困難や敵に打ち勝つための知恵が、凝縮されている兵法書です。中国から日本へ伝わり、長い年月を通じて現代へと伝えられてきました。

この本のテーマは、「社内政治をどのようにして乗り切るか」です。社内政治とは、簡単に言えば人間関係です。会社は多くの人が集まって働くところですが、社員みんなが仲良しで、互いに助け合って働くなら、問題ないでしょう。しかし、実際はちがいます。

同僚やライバルが成功をねたんで、足を引っ張ってくることもあるでしょう。セクハラ上司やパワハラ上司もいるでしょう。部下や後輩が反目し合って、頭痛の種となることもあるでしょう。

何かと人間関係はややこしくなりがちですが、そうした状態を前提としたうえで仕事をし、成果を出さないといけません。なかなか大変です。そこで孫子の兵法を使って、そうした大変さを乗り切っていこうというのが、この本のテーマとなります。

この本は、まず漫画でポイントを見せ、そのあとのページで解説するという構成になっています。孫子の兵法に関連する場面を漫画で見れば、解説を読むときも印象に残りやすくなり、孫子の兵法を覚えやすくなるでしょう。漫画は「孫子」をより理解しやすいように、現代のビジネス場面を舞台にしたストーリーで展開しています。

ぜひ本書を参考に、社内政治を勝ち進んでいく方法を学び、これからの出世人生に役立ててください。

中国兵法研究家　**福田晃市**

この本の使い方

この本は、「孫子の兵法」を使って社内政治を勝ち上がっていく
漫画のストーリーにそって、13 篇の兵法を学んでいけるようになっています。

漫画ページ　1章〜6章のストーリーのいたるところに、
孫子の兵法が隠されています。

行軍篇④▶P.100　このマークがある場所が「孫子の兵法」を使っている
シーンです。解説ページは、ここを見ればわかります。

参考文献

- 「新訂 孫子」金谷治（翻訳）／岩波文庫
- 「社内政治の教科書」高城幸司（著）／ダイヤモンド社
- 「同僚に知られずにこっそり出世する方法」ブレンダン・リード（著）酒井泰介（訳）／ダイヤモンド社
- 「出世の教科書」千田琢哉（著）／ダイヤモンド社

解説ページ

その章の漫画で使われた「孫子の兵法」をひとつひとつ解説しています。

この教えを使っている漫画のシーンを紹介しています。

ポイントになる部分はマーカーでチェックしています。

そのページの教えに該当する『孫子』の書き下し文です。310 ページからの全文一覧で、全体のどこに該当するかを確認できます。

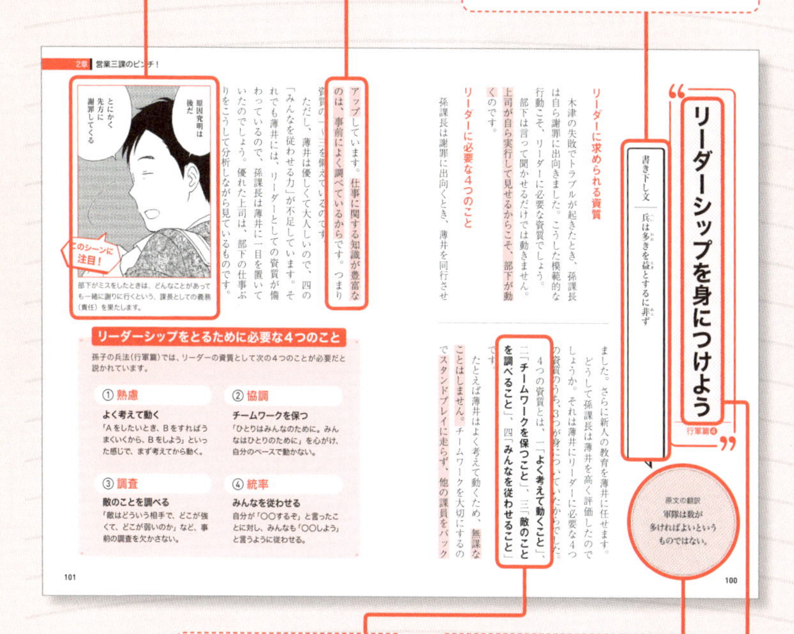

“リーダーシップを身につけよう”

行軍篇❹

書き下し文

兵は多きを益とするに非ず

原文の翻訳

軍隊は数が多ければよいというものではない。

リーダーに求められる資質

木津の失敗でトラブルが起きたとき、孫課長は自ら謝罪に出向きました。こうした模範的な行動こそ、リーダーに必要な資質でしょう。

部下は言って聞かせるだけでは動きません。上司が自ら実行して見せるからこそ、部下が動くのです。

リーダーに必要な4つのこと

孫課長は謝罪に出向くとき、薄井を同行させました。さらに新人の教育を薄井に任せます。

どうして孫課長は薄井を高く評価したのでしょうか。それは薄井にリーダーに必要な4つの資質のうち、3つが身についていたからでした。

4つの資質とは、一「**よく考えて動くこと**」、二「**チームワークを保つこと**」、三「**敵のことを調べること**」、四「**みんなを従わせること**」です。

たとえば薄井はよく考えて動くため、無謀なことはしません。チームワークを大切にするのでスタンドプレイに走らず、他の課員をバックアップしています。仕事に関する知識が豊富なのは、事前によく調べているからです。つまり資質の一〜三を備えているのです。

ただし、薄井は優しくて大人しいので、四の「みんなを従わせる力」が不足しています。それでも薄井には、リーダーとしての資質が備わっているので、孫課長は薄井に一目を置いていたのでしょう。優れた上司は、部下の仕事ぶりをこうして分析しながら見ているものです。

部下がミスをしたときは、どんなことがあっても一緒に謝りに行くという、課長としての義務（責任）を果たします。

リーダーシップをとるために必要な4つのこと

孫子の兵法（行軍篇）では、リーダーの資質として次の4つのことが必要だと説かれています。

① 熟慮
よく考えて動く
「Aをしたいとき、Bをすればうまくいくから、Bをしよう」といった感じで、まず考えてから動く。

② 協調
チームワークを保つ
「ひとりはみんなのために。みんなはひとりのために」を心がけ、自分のペースで動かない。

③ 調査
敵のことを調べる
「敵はどういう相手で、どこが強くて、どこが弱いのか」など、事前の調査を欠かさない。

④ 統率
みんなを従わせる
自分が「〇〇するぞ」と言ったことに対し、みんなも「〇〇しよう」と言うように従わせる。

2章 営業三課のピンチ！ 100 101

「孫子」の教えや重要な用語を太字で示しています。

原文をわかりやすく、現代のことばで翻訳したものです。

「孫子の教え」から、社内政治に役立つ部分を取り上げ、各ページのテーマとして取り上げています。

「孫子の教え」を社内政治に活用していこう！

このマンガに出てくる 登場人物相関図

薄井(38歳)

営業三課の古株。地味で目立たないが努力家。孫を信頼している。

マサル(29歳)

営業三課に配属になった、若手営業マン。カッとなりやすいのがたまにキズだが、情に厚く素直な性格。

新川(22歳)

マサルと一緒に営業三課に配属になった新卒社員。

木津(32歳)

営業三課のエース。課をリードする存在。

平田(34歳)

木津と同じく、営業三課の一員。

恋人

利子(28歳)

マサルの彼女。マサルと同じ会社の経理部に勤める。中国の兵法を大学で専攻していたため詳しい。明るく社交的。

営業部長

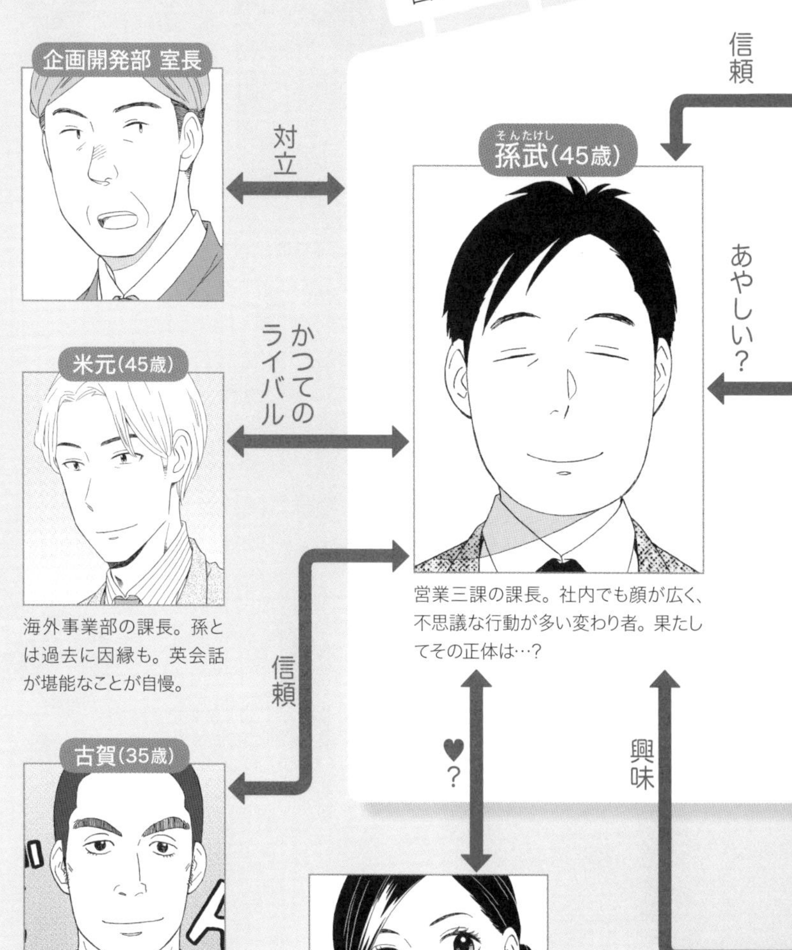

九州営業部所属。孫とは、あるトラブルからの付き合い。

愛子(?歳)

秘書課に勤める美女。孫とは食事などに行く仲。社内の情報通。

もくじ

2章 営業三課のピンチ！ ～リーダーシップ～

どの部下も孫課長にとっては大事な仲間であり、有用な人材です。「信賞必罰（行軍篇）」や「背水の陣（九地篇）」などの教えを利用しながら部下の不和を解消し、営業三課をまとめていきます。

3章 マサルと孫課長、九州出張へ ～社内での人脈づくり～

孫課長は人を出し抜いたり（虚実篇）、駆け引きしたりしながら（軍争篇）、決してまわりに敵をつくらず、着実に自らの利益となるサポーターを増やしていきます。

4章 孫課長の部長詣で ～上司・部下の攻略～

やる気のある部下にチャンスを与えたい孫課長。自らのポジションを踏まえたうえで（地形篇）、あの手この手を使って頭の固い上司をコントロールします（九変篇）。

5章 孫課長の下積み時代 ～正しいライバル関係～

入社時の孫課長にもライバルがいました。しかし、できるだけ戦いを避け（謀攻篇）、うまく身を守り（軍形篇）、自らを優勢にもっていきます（兵勢篇）。

6章

孫課長はアニメ通!?
〜スパイの活用〜

プロローグ

孫武将軍の戦い

時は
春秋時代末期
楚の国――
呉国軍将軍
孫武

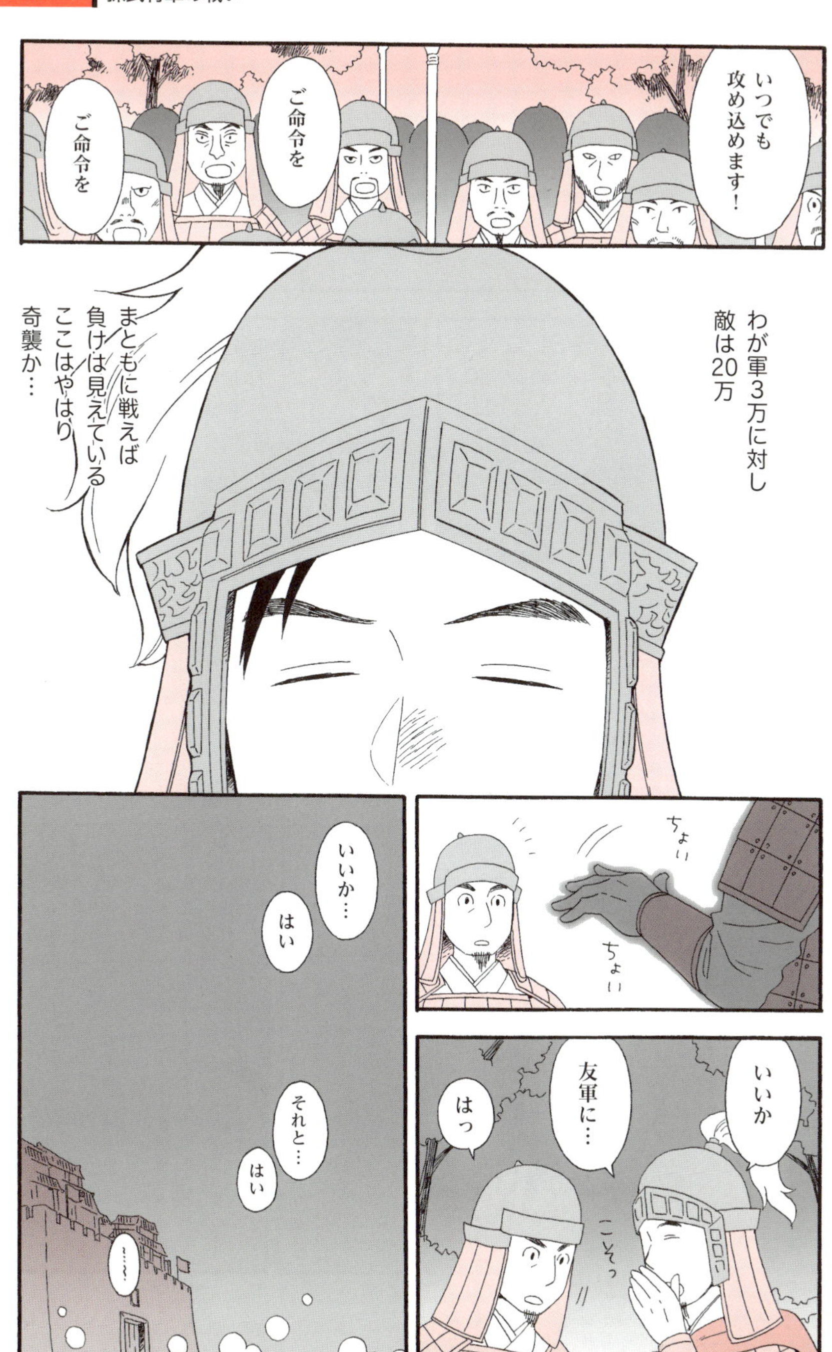
いつでも攻め込めます！
ご命令を
ご命令を
わが軍3万に対し敵は20万
まともに戦えば負けは見えている
ここはやはり奇襲か…
ちょい
ちょい
いいか
友軍に…
はっ
こそっ
いいか…
はい
それと…
はい

パチ
パチ
パチ
見張れって言うけど…

退屈だよな

大軍相手に攻め込むヤツはいないよな～
はは
そりゃそうだ

くあ～

シューーッ

ドドドドド…

ドドドドド
うわぁ!!

攻め込まれた！
ドドドドドドド

敵襲
ゴォオオオ……
敵襲

ザッザッザッザ

奇襲成功です！
楚軍
大混乱です

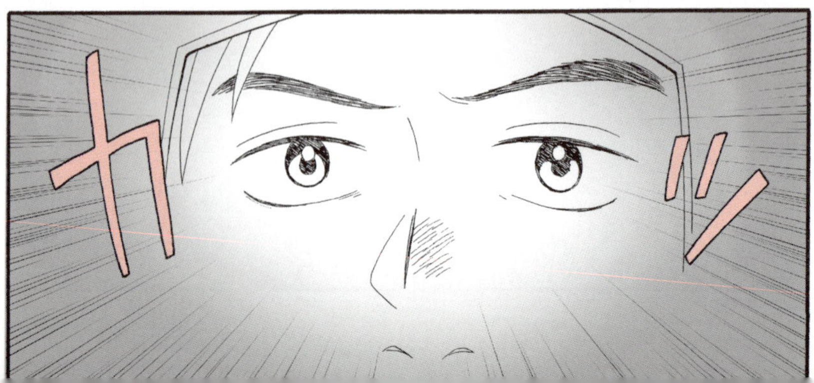
カッ

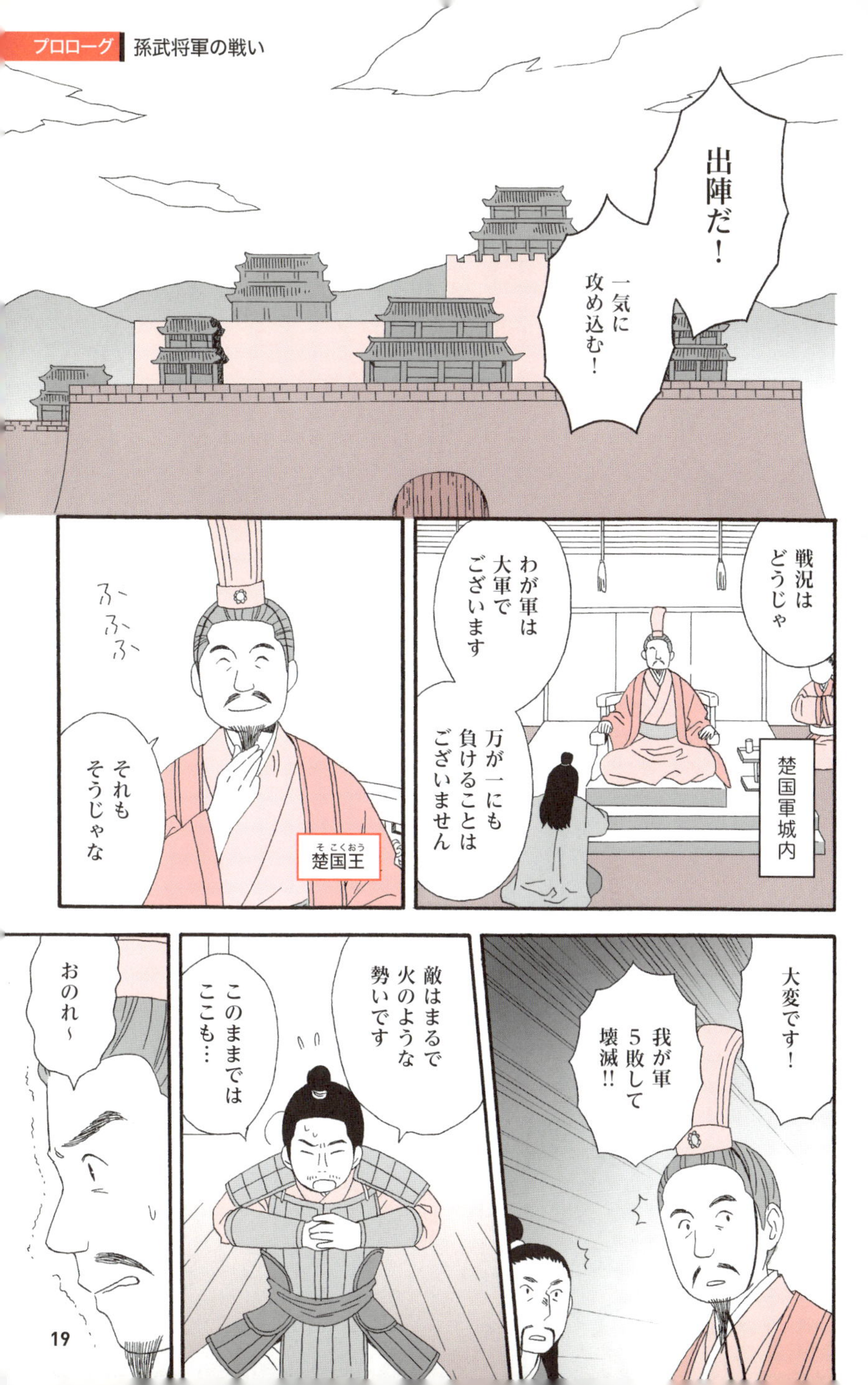
出陣だ！
一気に攻め込む！
楚国軍城内
戦況はどうじゃ
わが軍は大軍でございます
万が一にも負けることはございません
ふふふ
それもそうじゃな
楚国王
大変です！
我が軍5敗して壊滅!!
敵はまるで火のような勢いです
このままではここも…
おのれ～

兵を集めろ
すぐ出立する!!
バッ
おお！　陛下
御自ら
お出ましに
なるとは！
急いで
脱出する！
スチャッ
はあ!?
お待ち
ください!!
呉軍は
楚軍と5戦5勝
破竹の勢いで
楚国の首都に迫る
ウオオオオオオ
呉国王め！
今に見ていろ！

呉国軍陣内
ご苦労だった
呉国王(ごこくおう) 闔閭(こうりょ)
は
ザッ
孫将軍！どちらへ？
少し風に当たってくる

戦う前に
勝敗というのは
決まっているものだ
それでもなお
戦い
人も国も傷つく
疲れたな…
将軍～
将軍～!!
背後から
越国が…!
楚軍も秦軍と
同盟を組んで
前方から
追ってきました!
挟み撃ちか…
今行く…
ズキ
ルッ
!

うわぁ
将軍
孫将軍
キョロ…
孫将軍…?

「孫子の兵法」とは

孫子の兵法ができた時代

今から2500年ほど昔、春秋時代末期の中国で生まれた兵法が、「孫子の兵法」です。兵法とは、戦い方や勝ち方の知恵です。

当時の中国は、多くの国に分かれて戦争をしていました。それらの国のなかで、とくに有力な国を「春秋十二列国」といいます。魯国、衛国、晋国、鄭国、曹国、蔡国、燕国、斉国、宋国、陳国、楚国、秦国の12の国です。

戦乱のなかで戦争に関する知識が蓄積されていき、それがベースとなって様々な兵法が誕生します。孫子の兵法は、そうした兵法のなかのひとつで、『孫子』という本として後世に伝わりました。

構成は、始計・作戦・謀攻・軍形・兵勢・虚実・軍争・九変・行軍・地形・九変・火攻・用間の13篇となっています。各篇は「読み切り」な

ので、どこからでも読めます。

孫子の兵法を生み出した人物

孫子の兵法（『孫子』十三篇）を生み出したのは、呉の国王に仕えた兵法家・孫武(そんぶ)です。もともと斉国に住んでいたのですが、戦乱を避けて呉国に移住しました。呉国で大臣をしていた伍子胥(ごししょ)は、孫武の才能を見抜き、孫武のことを呉の国王の闔閭(こうりょ)に推薦して、呉国の将軍に取り立てました。

当時の呉国は新興の小国でしたが、大国の楚国と反目し合っていました。呉王の闔閭は、楚国に勝つため、伍子胥と孫武に戦争開始を命じます。孫武は、まずゲリラ戦で楚国を弱体化させる作戦をとってから、楚国との戦いに勝ちました（▼P.14～23参照）。

弱小国が大国に勝ったわけですから、当然その戦術は、中国の各国で注目を集めました。そうしたこともあって、歴史書『史記』にもあるように、多くの人が孫子の兵法を学ぶようになりました。

日本に伝えられたのは奈良時代で、吉備真備という遣唐使が唐から持ち帰ったとされています。戦国時代の将軍・武田信玄が旗印に使った「風林火山」ということばは『孫子』の一節から引用したものです。

現代社会にも役立つ兵法書

そんな孫子の兵法の特徴は、「戦わないで勝つ」ことを目指す点にあります。『孫子』の作戦篇や火攻篇などにも書いてありますが、孫武は、戦争のもたらすデメリットをよく理解していました。だからこそ、できるだけ戦わないで勝つことを目指し、戦うしかない場合でも効率的に戦って損失を最小限におさえようとしたのでしょう。

自軍を生かすだけでなく、敵軍も生かす。ある意味、ウィン・ウィンの勝ち方を目指す孫子の兵法は、社内政治に最適ではないでしょうか。

1章 課長・孫武という男

～会議での立ち回り～

始計篇・作戦篇

今日から
三課配属！
バリバリ
働くぞー！
ぐっ
営業三課
勝田マサル
おはよう
ございます
営業三課
新川
僕も
三課配属
なんです
よろしく
フラ〜…
ドン
ごめ…
危ないなぁー

営業三課
ところで課長ってどんな人なんですか？
オレもよく知らないいんだよねー
ニコ
ニコ
でんっ
営業三課　課長
そんたけし
孫武
え？
この人さっきの…
孫課長です
よろしくねー
営業三課
薄井
マジか！

ったく
あんな人の下
だなんて
最悪だよ
DENKI
受付
ズイッ
あげるー
自販機で
バナナ売ってて
おもしろいから
買ってみた
けっこう
うまいよ
もぐもぐ
やだー
孫課長！
くす
くす
いっぱい
あるよ
もっと
食べる？
どさっ
キャッ
キャッ
……。
何を
やってるんだ…

キュッ
キュッ
行き先
ウミデ―
行ってきまーす
いってらっしゃい
おーい行くぞ
はい！
お疲れさまー
課長ってあんなんで仕事できるんですか？
何言ってるんだ
孫課長といえば中途入社でありながら生え抜き組を追い抜いて課長になった人だよ
ええ？全然そんなふうに見えませんけど？
営業三課
木津
始計篇❻▶P.58

まあ
出る杭は打たれる
からね
保身のためにも
少しはダメなところが
あったほうが
いいんだよ

能ある鷹は
爪を隠すって
やつですか?

演技なのか
天然なのか
オレにはわからん
けどな
のほほん

ほら
行くぞ
はい

会議室
B
…ということで
次の新製品は
健康志向の
シニア層に向けて
カロリーや
血圧等のデータを
ネットを使って
管理する機能をつけた…
シニア層メイン
カロリー
血圧
Webで
管理
企画開発部による新商品説明会

…では何か質問があれば…
あの…前回の会議では若者向けの商品を充実させるっていう話でしたよね
営業三課 平田
ああその件はいったん保留にしました
えっ
ちょっと待ってください
現場のニーズは…
売れる商品は放っといても売れるんだ売りたい商品をきちんと売るのが営業さんの仕事でしょ
で 今うちが売りたいのはこれなの
それができなかったらあなたたちはなんで給料もらってるの？
はあ!?何言ってるんですか
カチン

ニーズに合ってなきゃ何したって売れるわけないでしょ
だいたいそんな機能あってもシニア層は使いこなせないじゃないですか！
ガタッ
ちょマサル
やめ…
現場をいちばん知ってるのは営業なんだからこっちの意見をちゃんと聞くべきでしょ！
そこまで言うならデータ見せてくださいよ
若者向けをつくれば必ず売れるっていうデータを
えっ…
ぐぬぬ…
始計篇⑨▶P.64

今は逃げるが勝ち…
作戦篇❶▶P.66
課長からは何かありますか？
ジ…
あ　いやいいです
じゃあ今回はこの辺で
とにかく営業は黙ってこっちがつくったものを売ればいいんだよ
フン

営業三課
何だ！あの言い方は！
売りたいなら
売れるものをつくれ！
ぐしゃっ
まあまあ今日のところはまだ簡単な社内プレゼンだから
あ～疲れた
あふ
イラァ…
ツカツカツカツカツ！
バンッ

あのとき課長が何か言ってくれたら…

勝ち目のないことはしないほうがいいよ

そんなことやってみなきゃわからないじゃないですか！

わかるよ　行き当たりばったりで発言しても相手には勝てないよ

戦うためにはそれなりの準備をしないと

始計篇⑨▶P.64

じゃあ…

ブーッ　ブーッ

始計篇⑤▶P.56

とにかくまだ争うには情報が足りないんだよ…
始計篇③▶P.52
お先～
何か考えがあるんですか？
…やっぱり五事かな
ぼそっ
はあ!?
あ もう5時だ
どん
もうやってられないよ！
うぃ～
会議中まったく発言しないんだ
営業の数字はいいのかもしれないけど課長としてどうなんだ！
のみすぎ－

それにしても勝てる戦いしかしないかー
いいこと言う！さすが孫武！
経理部
利子
マサルの彼女
そんぶ？
課長のことよ 孫武 孫武
また中国の話？
そんなことより誰だって勝てる戦いしかしたくないよ だけど戦わなきゃならないときもあるだろ
戦うなら勝てる確信がもてるくらいまで準備してから挑むべきってことでしょ
そんなことしてたら勝機を逃がすよ！
それがちがうのよ
行き当たりばったりで戦っても無駄なの！
課長と同じこと言ってる…

勝つためには5つの要素がいわれてるのよ(▼P.51)
1 道 正しいことをする
2 天 グッドタイミングをつかむ
3 地 ベストポジションに立つ
4 将 リーダーシップをもつ
5 法 チームワークを保つ
今回は何かが足りなかったのかもね
だから課長は戦わなかったにちがいないわ
は?
あの課長に深い考えなんてないから!
利子は課長と仕事したことないじゃないか
買いかぶりなんだよ
そうかな
翌日
あたまいて…
ヨロ…
くそう…
オレだけでもなんとか資料揃えてやる!
名前 行き先
孫 出張
木津
平田
薄井

昨日 あれから
すぐ出かけた
みたいですよ
もー
開発部に
あんな言い方されて
よく黙ってられるよ
ひとりで戦ってやる
ほー
やる気だね
とりあえず
最初に…
最初に…?
ここまでの
経緯を教えて
ください!
おまえ
状況わからずに
けんか
してたのかよ…
本当に
行き当たり
ばったりだな
これが
顧客データ
こっちが
販売実績
で
こっちが…
年齢別
製品別…
それから…
?
何でこんなに
必要なデータが
すでに揃って
るんですか?

課長の指示でここのところずっとデータをまとめてたんです
始計篇⑦▶P.60

じゃああのとき相手にも何か言ってやれたんじゃないですか？

でも課長にはまだデータ不足だったんじゃないでしょうか
そんなもん！あとは熱意で押し切るだけでしょ！
やっぱり行き当たりばったりだな
名前
孫
出張
木津

始計篇❶▶P.48

始計篇❽▶P.62

30分でケリをつけるぞ
はい！オレ絶対あいつらを黙らせますよ！
作戦篇②▶P.68
前にも言ったけど無駄な争いは必要ないよ
え?!
ぷっ
会議室B
…というわけで
都内での出店での知名度はいまひとつですが通販業界では販売実績を上げています
エーズデンキと組むことは正しい選択です
そこがヤング層向けのオリジナル商品を並べたいって？

そうです
若者向けの商品を
展開したい
我が社にとっては
好機ですよ
既存のラインナップに
少し手を加えたものなら
廉価で若い人が
手を出しやすいし
販売店側が
一括で購入するから
利益は保証される
つまり
立場的には
不利が
ありません
どうよ
うーん…
しかも 簡単には
オリジナルが
つくれない
周りの販売店が
絶対
似たような商品を
求めてくるはずです
そこで
我が社が市場を
リードする形を
つくるのです！
もともと
我が社の技術は
確かなんですから
一度
興味をもって
もらえれば
納得して
もらえます
作戦篇❸▶P.70
今こそ
開発と営業の
チームワークで
他社をあっと
言わせて
やりましょう！
始計篇❹▶P.54
始計篇❷▶P.50

そこまで言うなら
やってみよう

居酒屋
二十五時
宴会承ります
やっぱり孫武ね！ちゃんと考えていたじゃない
なんだよあれ詐欺だろ
兵は詭道なりよ
でもオレたちにも何も言わず隠れて動いてたんだよ
少しくらいは説明してくれてもいいだろ？

※人をいつわり、欺くこと

策略は事前に伝えられないじゃない
策略っていうのは落ち着いたところで密かに立てるものよ
なんだコリャ
最初はただのぐーたらだったんだ…
でも途中で豹変（ひょうへん）したんだ
そうだ あのとき携帯が鳴って
あの電話 あれで変わったんだ
あのときすでに何か考えがあったのかも…
そうなんだ どんな情報をつかんだんだろうね
ますます興味深いな孫課長！
……。
わくわく

入念に準備しよう

書き下し文

兵は国の大事なり。死生の地、存亡の道、察せざるべからず

始計篇❶

原文の翻訳
軍事は、国の一大事です。どこが安全で、どこが危険なのか。どうすれば存続し、どうすれば滅亡するのか、そういったことについて、明らかにしないといけない。

跳ぶ前に見よ

「孫子の教え」の基本は考えてから動くことにあります。

その場の勢いで考えもなしに動けば、企画開発部を言い負かそうとしたマサルのように、逆に言い負かされてしまいます。負けてしまえばそこで戦いは終わってしまいます。

マサルは反省した結果、必死になって企画開発部への提案を通す（勝つ）ために資料をそろえます。その出来には孫課長も満足していまし

このシーンに注目！

マサルの揃えてくれた資料で、孫課長が思い描いていた勝利への準備が、すべて整ったようです。

た。孫課長の待っていた、勝つための準備がそろったということでしょう。

こうした戦い方を中国の史書では「**先計後戦**（＝先ず計画し、その後で戦う）」と表現し、名将の条件としています。

入念な準備が成功につながる

孫課長のように準備してから決戦に挑むことは、別に特別なことではありません。

たとえば、商品を知識もなしに売りこもうとして、はたしてお客様に買ってもらえるでしょうか。まず商品に関する知識を覚えてから商談に臨んでこそ、成功しやすくなるものでしょう。

こうして考えてみると、孫子の教えは特別な教えではなく、誰もが普通に使えるものだとわかります。そう思って孫子の兵法に向き合えば、気負わずに学べるので、身につきやすくなるでしょう。

あらゆる想定を考えて準備せよ

戦う前にどんなことが起こるのかを想像し、あらゆる事態にも対応できるように準備しておきましょう。それが勝利への自信につながります。

- 過去のデータを求められるかも…
- 売上見込みを聞かれるかも…
- 頼れる人がいるか聞かれるかも…
- 根拠を聞かれるかも…

↓

あらゆる想定に対応する準備をする

↓

勝つ自信がつく！

勝ち目を高めよう

始計篇❷

書き下し文

之を経めるに五事を以ってす

原文の翻訳

（勝つための）管理にあたっては五事を用いる。

五事で勝利のシミュレーション

孫課長の言う勝つための準備とは、**五事七計**のこと。七計は53ページで紹介するとして、ここではまず五事を紹介します。五事とは「道・天・地・将・法」（左ページ参照）といわれるもので、戦いに必要な要素は5つあるという教えです。

孫課長が、企画開発部に対して、営業部と手を組んで競合他社に勝とうと説得するシーンがありますが、そこで**五事**を活用しています。

孫課長は、営業部が提案することが正しい選択であること（**道**）を主張しますが、それを証明するために、自社にとっての好機であること（**天**）、立場的にも不利がないこと（**地**）を力説します。さらに、孫課長自らが優れたリーダーシップ（**将**）をとりながら、「企画開発部と営業部のチームワーク（**法**）ができれば、必ず他社に勝てる！」と力説しているのです。

ここまで言われれば、企画開発部に反論はありません。勝つためのしくみが、ここまで揃っているのですから。

勝つための準備を整える

マサルがつくった資料、薄井がまとめたデータ、孫課長が集めた情報は、五事に必要不可欠なもの。なんの準備もせずに、五事を備えることはできません。

孫課長はそのためにも無駄な争いを避け、じっくりと時間をかけて、すべての準備が整うまで、静かにこのときを待っていたのです。

孫課長がリーダーシップをとり、企画開発部と営業部で力を合わせていく体制をつくろうとします。

勝ち目を高める5か条

勝つために必要な「五事」とは、次の5つです。

【道】正しいことをする	普段から正しいことをして、人々の支持をとりつけること。
【天】タイミングをはかる	戦うタイミングとしてベストなときを選ぶこと。勝ちやすくなるときを待つこと。
【地】ベストポジションに立つ	戦いを挑む相手に対して、優位な分野や立場であること。力が足りなくても成功しやすい。
【将】優れたリーダーをつける	組織のなかに、有能で優れたリーダーシップをとる人がいること。
【法】助け合うしくみを整える	組織が団結し、助け合える体制がしっかりと整っていること。困難を克服しやすくなる。

勝ち目をはかろう

始計篇❸

書き下し文

之（これ）を校（くら）べるに計（けい）を以（も）ってして其（そ）の情（じょう）を索（もと）む

原文の翻訳

（勝つための）比較にあたっては七計を用いて、その実情を調べる。

勝てるかどうかを想像する

孫課長は、企画開発部との会議のとき、こちらに勝ち目がないと考え、マサルが奮起しても全く争おうとしませんでした。

「まだ争うには情報が足りない」というシーンからわかるように、そのとき孫課長は、頭の中で勝算をはかっていたのです。

戦いを始める前には、**本当に勝てるかどうか、勝ち目をあらかじめ計算することが大切**です。能力や実力を徹底的に比較し、勝利をリアルに

このシーンに注目！

とにかくまだ争うには情報が足りないんだよ…

現時点の状況と手持ちの情報で、こちらに勝算があるかどうかを、孫課長は冷静に考えます。

イメージするのです。

勝ち目をはかる7つの項目

孫子の教え（始計篇）では、比較するときの項目を7つあげ、**七計**（しちけい）（君主・将軍・天地・法令・軍隊・兵士・賞罰）としています。50ページで解説した五事と合わせて「五事七計」として知られる有名な言葉です。

「**君主**」は経営方針を正しくすること、「**将軍**」はオペレーションを上手にやること、「**天地**」はTPOをわきまえること、「**法令**」はコンプライアンスを守ること、「**軍隊**」はパフォーマンスを高めること、「**兵士**」はモチベーションを強めること、「**賞罰**」はアメとムチの使い分けを徹底することをいっています。

これら7つの点について、ライバルと自分ではどちらが優位にあるかを比較して、勝ち目をはかるわけです。

戦う前にチェックすべき7つのこと

「七計」の意味を解説します。戦う前に相手と比較してみましょう。総体的に評価が高いほうに勝算があると考えます。

① **君主**
経営トップのマネジメントの正しさ

② **将軍**
現場のリーダーの能力の高さ

③ **天地**
タイミングとポジションのとり方

④ **法令**
ルールや規律の制度の高さ

⑤ **軍隊**
会社やチームの即戦力の強さ

⑥ **兵士**
社員やメンバーの組織力の高さ

⑦ **賞罰**
インセンティブとペナルティーの公平さ

勝てる勢いをつくろう

始計篇❹

書き下し文

計の利して以って聴き、乃ち之が勢いを為し、以って其の外を佐く

原文の翻訳

勝算があり、なおかつ孫子の策略に従うならば、決戦に向けて自分に有利な状況をつくり、勝ちやすくする。

自分に有利な流れをつくる

五事で勝ち目を高め、**七計**で勝ち目をはかった結果、勝ち目があるなら、いよいよ戦います。このとき大切になるのが、**勢い**です。

勢いには2つの意味があります。「力」と「なりゆき」です。ここに出てくる勢いは「なりゆき」のことで、自分に有利な流れをつくることを意味します。

孫課長の自信をもった勝利のシミュレーションと力強い説得に、企画開発部の面々も乗り気になりました。かくして営業部にとって有利な流れができ、営業部の意見の通りやすさが整ったのです。

勝てる状況をつくる

自分を勝ちやすくするための環境づくりは、ビジネスの現場では「根回し」ともいわれます。たとえば、社内で新企画をプレゼンをするとき、事前にキーパーソンを訪ねて回り、新企画の魅力をPRして、プレゼンの際に賛成してもらえるように依頼しておきます。すると、実際

にプレゼンしたとき、多数の賛同意見をもらうことができ、新企画が通りやすくなります。
このように自分に有利な状況をつくれば、たとえ新企画の内容がありふれたものでも、会社に採用されやすくなります。つまり、勝ちやすくなるわけです。

このシーンに注目!
孫課長の自信に満ちた説得で、企画開発部は心をしっかりつかまれてしまったようです。

勝つためのメソッド

次のようなステップを踏むことが確実な勝利への道です。

① 勝てる実力を身につける(五事▶P.50)
↓
② 今の実力で勝てるかどうかを検討する(七計▶P.53)
↓
③ 勝てる環境をつくる(勢い)
↓
④ 実力と環境が整う
↓

策略を使おう

書き下し文

兵（へい）は詭道（きどう）なり

始計篇❺

原文の翻訳

軍事とは、いかに相手をだますかだ。

策略を使って勝てる状況をつくる

自分に有利な状況をつくるためには**詭道**（きどう）（＝**策略**）を使います。孫子は**14の策略**（左ページ参照）をあげています。古人も「英雄人を欺（あざむ）く」といっているように、優れた人物は敵を巧妙に欺き、知略で勝つとされています。

孫課長は味方である営業三課の部下を欺きました。何もしていないように見えながら、裏では着々と勝利のために布石を打っていたのです。まさに14の策略のうちの①～④の策略。敵

孫課長は電話の相手から何らかの情報をつかみ、ひそかに対策を練ります。

を欺くには、まず味方から、というわけです。

また企画開発部との最初の会議では、勝ち目が見えていなかったので対決を避けました。これは⑦⑧の策略です。

誰にも知られず策を練る

孫子の教えでは「**策略を事前に伝えてはいけない**」としています。事前に他人に教えれば、情報が敵に漏れる可能性があり、せっかくの策略も失敗してしまうかもしれません。

また、戦況は目まぐるしく変化するので、その場そのときの状況に応じて臨機応変に策を練る必要があります。策略を事前に決めることはできないと考えたほうがよいでしょう。

孫子の14の策略

「孫子の教え」にある14の策略を紹介します。ときと場合に合わせて策略を使い分けることが重要です。

1. **できるのにできないふりをする** (▶P.58)
2. **使っているのに、使っていないふりをする** (▶P.58)
3. **近づいているのに、遠ざかっているように見せる** (▶P.59)
4. **遠ざかっているのに、近づいているように見せる** (▶P.59)
5. **利益で釣って誘い出す**
6. **混乱させて撃ちとる** (▶P.60)
7. **敵が充実しているときは備える**
8. **敵が強大なときは避ける**
9. **敵を怒らせて、その心を乱す**
10. **敵にへりくだって、おごり高ぶらせる**
11. **元気なら疲れさせる**
12. **仲がよいなら離間させる**
13. **敵の備えていないところを攻める** (▶P.62)
14. **敵の思いもよらないところに出る**

できないふりをしよう

始計篇❻

書き下し文

能くして之に能くせざるを示す。用いて之に用いざるを示す

原文の翻訳

できるのに、できないように見せかける。用いているのに、用いていないように見せかける。

あえてダメ社員を装う

「出る杭は打たれる」というように、敵が多い世の中では、才能をひけらかしたり、他の人より目立つ行動をすると妬まれることがあります。同僚や上司から嫉妬され、嫌がらせを受けたり、目の敵にされたりしてしまうと、自分の力が劣っていなくとも、成功できなくなってしまうかもしれません。

孫課長は途中入社で生え抜きを飛び越して課長になったという経歴の持ち主ですが、あえて威厳のない、頼りなさそうな人物を演じているようです。女子社員に話しかけて、おかしなことを言って笑われるシーンもありました。

能力があれば誰かが見ている

また、マサルの「全然そんなふうに見えませんけど？」というセリフからわかるように、初対面の課員にさえも、能力があるように見せていません。

しかし「嚢中の錐」という言葉もあるように、優れた人はいくら自分の才能を隠そうとして

も、知らぬ間に有能さを発揮してしまうものです。

優れた上司はそういうところを見て、優れた人を引き立てます。おそらく孫課長の上司にもそのような人物がいたのでしょう。

孫課長をよく知らないマサルにとっての第一印象は、能力のある人物ではありません。木津の言い分さえも信じられない様子です。

あえて逆のことをせよ

力を見せないようにするためには、あえて反対のことをして人を欺きます。

近づきながら遠のいているように見せる

考えている手の内や能力を、周囲に悟られないように、あえて反対のことをすることも必要だという教えです。

人は、能力がなさそうな相手には警戒心を抱きません。闘争心やライバルに勝ちたいという強い気持ちがあっても、謙虚な姿勢や無関心な態度を示せば、相手はリラックスして、手の内を見せてくれる可能性もあります。

企画開発部の新商品説明会の際、孫課長はとくに興味を示していないような態度をとります。

相手を混乱させよう

始計篇⑦

書き下し文

利して之を誘う。乱して、之を取る

原文の翻訳

利益で釣って誘い出す。混乱させて撃ちとる。

やる気がないのは見せかけ

孫課長にはやる気がないのかと思っていたら、実はやる気がありました。部下の薄井に、今回の提案についてのデータを作成しておくよう、ずっと前から頼んでいたのです。

孫課長は、提案が一筋縄では通らず、必ず反論があると予測していたのでしょう。それを見越したうえで、企画開発部との会議よりも前から準備を始めていたのです。この行動を見て、やる気がないといえるでしょうか。

孫課長は、企画開発部との会議の前から、薄井にデータをまとめるよう、指示していました。

敵を欺くにはまず味方から

マサルはすっかり騙されてしまっていますが、これも孫子の14の策略のひとつ（▼P.57）。このようにフェイントをかけたり、逆張りしたりして周囲の目を欺くわけです。企画開発部にやる気のない態度を示すことで、味方までも油断させていたのです。

たとえば『三国志』で、優れた軍師・諸葛孔明（しょかつこうめい）のライバルとして有名な司馬懿（しばい）は、政敵を欺くため、ぼけたふりをして見せました。わざと食べこぼしたり、記憶ちがいをして見せたりして政敵を油断させ、政敵が隙を見せたところで、すかさず挙兵して勝利しました。

孫武の成功 タネあかし

薄井がコツコツとまとめていた資料は、孫課長の、次のような指示によるものでした。

孫課長

薄井、これに関するデータを資料にまとめておいてくれ。

薄井

わかりました。何に使う資料ですか？

孫課長

今日の商品開発部との会議に関係する資料だ。今日は間に合わないだろうけど、次回には必ず必要なるはずだ。

薄井

なるほど、早めに着手しておくわけですね。

孫課長

内密に頼むぞ。初回はヒアリングのつもりで、相手の様子を見てくる。

↓

勝つための準備を密かに始めていた！

敵の不意をつこう

始計篇❽

書き下し文

其の無備を攻め、其の不意に出ず

原文の翻訳

敵の備えていないところを攻め、敵の思いもよらないところに出る。

不意打ちが効果的

古今東西の戦例にもあるように、不意討ちされた相手は必ずと言っていいほど敗北します。**不意討ちされると、相手は弱り、足並みも乱れます。**そうやって判断力を鈍らせるわけです。判断力が鈍っているときは失敗しやすいので、さらに次の一手で攻め込みやすくなります。こちらが勝ちやすい状況をつくれるのです。

孫課長はおそらく、難敵の企画開発部のつけいる隙を探っていたのでしょう。準備が整い次

準備が整い次第、会議をすぐに手配させます。孫課長は、戦うタイミングを逃しません。

第すぐに会議をセッティングし、相手に心の準備ができていないところで一気に説得にかかりました。

準備ができたら一気に攻め込む

前回の会議で、この提案に関してやる気を見せていなかった孫課長の態度を見て、もう言ってこないだろうとたかをくくっていた企画開発部。反論したくても、十分な反論材料がないので反論できません。

こうなれば意見も通りやすくなるという、孫課長の目論見があったのです。

あの手この手で攻撃せよ
ワンパターンでは、攻撃が読まれてしまいます。不利なときこそ、さまざまな方法を使って敵を弱めます。
うるさいな
おまえにできるのか？
バカにする
敵を怒らせて、心を乱します。
すごいねー
そうかなー
おだてる
敵にへりくだって、おごり高ぶらせます。
○日までにやっとけよ！
無理だよー
えー
翻弄する
敵に無理難題をひっかけて困らせます。
あいつより
オレの味方につけよ
切り崩す
集団なら、敵をひとりずつつぶしていきます。

行き当たりばったりはやめよう

始計篇⑨

書き下し文

多算なれば勝ち、少算なれば勝たずして、況んや無算においておや

原文の翻訳

勝算が多ければ勝ち、勝算が少なければ勝てない。

事前の計算が必要

マサルは情熱で動いて失敗し、孫課長は冷静に考えて成功しました。情熱をもって働くことは大切かもしれませんが、そこに冷静な思考が伴わなければ、ただの行き当たりばったりになってしまいます。

たとえば、交渉するときでも「こちらが熱く語れば相手も動く」なんてことはありません。「相手は何を望み、自分は何ができるのか」というふうに、相手のことと自分のことを考えてこそ、スムーズに交渉できるものです。

そのためにも、**事前に互いの利害や実力などを冷静に計算しておく**ことが求められます。

静かな場所で考える

たとえば、名将として名高い上杉謙信は、お家騒動を治めるために決起する前、山にこもって瞑想しています。

また、剣豪として名高い宮本武蔵は、兵法書『五輪書』を書き上げるにあたり、洞窟にこもって瞑想しています。

このように名将や剣豪も、何か大事を行うにあたって瞑想して静かに考えています。

これは今のビジネスシーンでも同じです。経営者のなかには、悩みなどを解消するため、禅寺に行って座禅（瞑想）する人もいます。

もちろん禅寺に行かずとも、貸しオフィスやトイレの個室など、誰も来ないところにこもれば、静かに考えることができます。

その場の勢いで争おうとしたマサルは、その場でデータを見せるように言われ、ひるんでしまいます。

「やってみなければわからない」と言うマサルに対し、冷静に答える孫課長。当たって砕けてしまっては、元も子もありません。

コストを自覚しよう

作戦篇❶

書き下し文

兵(へい)を鈍(にぶ)らせ、鋭(えい)を挫(くじ)き、力(ちから)を屈(くっ)し、貨(か)を殫(つ)くす

原文の翻訳

兵士を疲れさせ、
鋭気をくじかせ、
力をへこませ、
財産を使いつくす

やっても損なことはしない

争えば必ず損をします。多くの人が死に、多くの物が壊され、多くの金が使われます。これは日常でも同じです。

たとえば、裁判になれば多くの費用や時間が失われます。できることなら裁判沙汰(ざた)にすることは避けたほうが得策と考えるでしょう。

孫課長は、企画開発部との会議で言い争いをする場面で「今は逃げるが勝ち…」と言っています。企画開発部と争っても現時点では歯が立

このシーンに注目！

企画開発部との会議中、カッとなっているマサルと対照的に、孫課長は顔色も変えず、戦う素振りを見せません。

たないことがわかっており、戦わないほうが得策だからです。一見やる気がないように見えますが、勝てない戦いだということを冷静に分析しています。

無理に戦っても得はない

無理して戦って完敗すれば、残るのは挫折感や敗北感だけです。場合によっては自信を失い、再起不能に陥るかもしれません。また、周囲からの評価ダウンにもつながるでしょう。

最初から勝てないとわかっているなら、戦わないほうが得策です。たとえ「あいつは逃げた。とんだ腰抜けだ」と非難されたり、嘲笑（ちょうしょう）されたりしても、気にすることはありません。

優れた軍師・張良（ちょうりょう）も「たとえ99敗しても、最後に一勝すればいい」と言っているように、途中はダメでも最後に笑えればいいのです。

負ける戦をしないほうがいい理由

無駄な戦いをしないためにも、負ける戦で受けるダメージを知っておきましょう。

無理に戦わずに立ち去る

NOダメージ

ダメージがないうえに、エネルギーも消費しません。次の戦いのために、実力をつけたほうが賢明です。

無理に戦って負ける

ダメージ大！

戦いによる敗北感が残り、自信を喪失することも。まわりにも負けた人という印象を残してしまいます。

争いは短期間で終わらせよう

作戦篇❷

書き下し文

兵は拙速を聞くも、未だ之を巧みにして久しくするを賭ざるなり

原文の翻訳

(戦争は)「へたくそでもすみやかにする」という話を聞いたことがあっても、「うまくやって長引かせる」ということを見たことがない。

時間をかけるだけ浪費する

戦争では多くの兵士が戦います。戦地では大量の食糧や武器が必要です。戦いが長いほど疲労は蓄積し、食料の確保が必要になり、負担が大きくなります。だからこそ、戦いは早く終わらせたほうがよいのです。

時間をかけずに物事を終えるには、たとえば設定時間を設けましょう。孫課長は「30分で終わらせるぞ」と宣言し、早く決着をつけようとする意志を部下たちに伝えました。

これに関連して、こんな戦例もあります。春秋時代、晋国の君主・文公は原城を攻めたとき、「10日で陥落しなければ撤兵する」と部下たちに約束し、10日後、実際に撤兵します。部下から「あと1日で原城は陥落します」と言われても方針を変えませんでした。結果として「文公は約束を守る人物だ」と評価され、敵も降伏を申し出ます。

面倒なことは長引かせない

面倒なことが残っていると、そのことが気に

なって暗い気持ちになってしまいます。子どものころの宿題で、そのような経験がある人もいるのではないでしょうか。夏休みの宿題が残っていると思うと、夏の終わりが憂鬱（ゆううつ）になったものです。

「善は急げ」ともいうように、**面倒なことこそ勢いがあるうちに行動し、早めに終わらせたほうがよい**、ということです。

「30分で」と目標時間を設けることで、早く終わらせてやろう、という気持ちを高めます。

目標時間を定めるべし

物事を集中して終わらせたいとき、事前に目標とする時間を定めることで、取り組む物事への意識が高まります。

9時までに終わらせるぞ！
終わったー！
目標時間を決めると集中でき、効率的に作業を終えられます。

なんとかなるだろう
終わらないー！
時間を気にせず漠然と物事を進めると、作業効率が落ちます。

敵を味方につけよう

作戦篇❸

書き下し文

知将(ちしょう)は務(つと)めて敵(てき)に食(は)む

原文の翻訳

有能な将軍は
敵軍の食料を利用する。

優秀な敵は打ち負かさない

「敵を負かすことだけが、勝利ではない」という考え方です。長い目で考えたとき、相手が持っている力がこちらにも必要な場合、味方にしてしまったほうが得策なこともあります。

敵の力を自分のものにしてしまえば、戦力アップだけでなく、相乗効果をもたらし、2倍以上の力になるかもしれません。

たとえば明国(みんこく)の朱元璋(しゅげんしょう)は、敵国を攻めるとき、「今は敵国民でも、将来は自国民になるのだか

このシーンに注目！

もともと
我が社の技術は
確かなんですから

一度
興味をもって
もらえれば
納得して
もらえます

さりげなく企画開発部をおだてて、相手の気持ちに隙をつくります。

他人の力を借りて
自分にかかる労力を
削減しているんだね。
ちゃっかりしてるなあ

ら、住民を殺すな」と部下に命じています。

孫課長の考えは、まさにこれでした。企画開発部の技術を味方にすれば、営業三課のためにも都合がよく、協力体制ができれば、最終的には市場をリードする商品がつくれると考えたのです。

おだてて味方につける

しかし、敵を味方につけるには、敵に「負けた」と思わせてはいけません。どんなに正論であっても、一方的な意見を述べるだけでは、押しつけているように受け取られ、聞く耳をもってくれないでしょう。

そこで孫課長は、さりげなく企画開発部の技術力をほめ、自尊心をくすぐることで、自分たちの提案にのってくれるように誘導しました。

これは14の策略(▼P.57)のうちの⑩の策略です。

他人の力を利用せよ

自分の専門分野ではないことは、まわりの協力を得てしまったほうが得策です。

エキスパートを味方につけて自分のものにする

誰にでも自分の不得意分野はあります。そんなときは、人の力を借りましょう。それを得意とする人に、頼ってしまうのです。このような人脈をもつことも、力のうちです。

ポイントは、下手に出てお願いするのではなく、その人自身に「仲間(=味方)になりたい」と思わせること。そうすることで、まわりの人も頼まれ仕事ではなく、気持ちよく自主的に協力してくれるようになるのです。

社内政治に勝つ

会議での立ち回り 実践テク

孫課長の計画と策略によるプレゼンでの勝利、いかがでしたでしょうか。
会議時の立ち回りにも、社内政治に勝つためのコツが隠されていました。

難しい顔をするのはやめよう

会議に参加しているときの表情は、思っている以上に見られているもの。積極的に参加している姿勢を見せれば、次の会議に呼ばれる可能性にもつながり、出世へのチャンスが広がるかもしれません。できれば最前列に座るのがベストです。

争いや議論は避けよう

意見が対立してしまっても、会議で争うことはNG。争うのではなく、まずは相手の話に耳を傾けましょう。相手の考えを真摯に受け止め、さらに褒めることで自尊心をくすぐるのです。そうして相手を味方につけて、自分に有利な状況をつくりましょう。

話は短く簡潔に

長時間の会議は、集中力が散漫になるだけの無駄な時間と考えましょう。出世する人は話を手短に終わらせます。そのために、物事をわかりやすく端的に伝えようと努力するようになるのです。伝え方がうまい人は、魅力的な人材として目を引きます。

2章

営業三課のピンチ！
～リーダーシップ～

行軍篇・九地篇

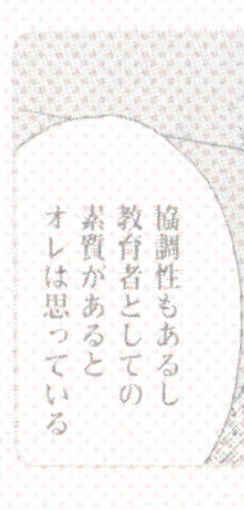

居酒屋
勝利の美酒
課長は奥へどうぞ
おつかれ〜
適当に座って座って
少し遅くなったけどマサルと新川の歓迎会を行いまーす
カンパーイ!!
よーし今日は無礼講無礼講
ですよね!?
はっ
はっ
はっ
何はともあれこちらの希望が通ったし
課長やりましたね!

いや　みんなが事前に情報を集めてくれたり販売実績を上げてくれていたおかげだよ
それにしてもこいつには驚かされるよね
なんです？
いきなり状況もわからずに発言なんかする？
そーっ
無駄な争いはするなよ
無謀すぎ
うけうり～
無駄かどうかはやってみないとわからないじゃないですか！
むっ
戦いなんてやる前から結果は決まってるもんだよ
グビ
それをなんとかするのが仕事でしょ！
くわっ
それにオレ三課には来たばかりですけど入社以来営業畑一筋ですし
何も知らない新人ってわけじゃないですからね！
からあげ

…にしても
相変わらず
開発部には腹が立つ
フンッ
あいつら
なんであんなに
上から目線
なんだ
営業部長
開発部にも腹立つけど
うちの部長も腹立つよな
自分たちだって
開発部に
ずっと頭を
抑えられて
いたくせに
「おまえらが
不甲斐ないから」
とか言っちゃって
また開発部に
負けたの?
ハハハ
そっすね!
他社に
負けないように
価格見直しを
提案したって
通らないしさ
それで
どうやって
戦えって
言うんだ
ぐいっ
オレたちの若い頃は
もっと仕事ばかり
してたなんて
時代錯誤なこと
言っちゃって
どんっ
企業努力を
する気が
ないのかね
プハッ
そう思いません?
課長
あー
まあ
みんなの不満も
わからなくも
ないけど
会社に文句を
言っても
何も変わらないよ
もぐ
もぐ

行軍篇❶▶P.94

行軍篇❸▶P.98

確かに成績はイマイチだけど…
この前だって薄井の資料があって助かったろ?
それはそうですけどとにかく効率が悪すぎです
いつまでも後方業務にかかりきりのせいで営業成績はずっと前年割れですよ
目標未達成でフォローしきれません

でも…
薄井さんはすごく丁寧に仕事を教えてくれますし

オレも薄井さんから引き継ぎをしたんだけど
これが○○社で担当は△さん
□時から×時までは店舗の
事前のデータを用意してくれてたからスムーズだった

すごい膨大なデータだっただろ
はい

やりすぎなんだよ
だいたい新人なんて何もかも教えないで現場でミスして怒られながら成長していくもんだ

遅く なりましたー
ガラッ
あ 薄井さん！
すいません 日報 まとめるのに 手間取って
お疲れさま でーす
…
?
○○電機
営業三課
これ やっといて ください
バサッ
でもそれは 木津くんの…
オレは 処理する伝票が 多いんですよ それくらい 手伝って ください

プイ
あ…
この報告書を書いたの新川か？
はいっ！
よくできてる
ありがとうございます！薄井さんに教えていただきました
そんな教えるなんて…
じゃあ新川くんこれを先方に届けてくれる？
渡すだけでいいから
はい！
てれっ

大丈夫？
はい！行ってきます！
むに
薄井は新人教育に向いてるかもな…
バシッ
これ！どういうこと!?
ヤスイカメラ
YASUI CAMERA
大特価
新川さんこの値段じゃ出せないって言ったよね？
なんであっちの店はこの値段でやってるの!?
向こうだけ下げられたらこっちが売れるわけないだろ！
それだけじゃないうちは安さを売りにしてるのに高いイメージがついちゃうじゃないか！

すみません…
謝ってくれなくてもいいんだよ
どう責任取るんだって言ってるの
申し訳ありません!!!
営業三課
よくやった!
すごいじゃないですか!新規契約にこぎつけるなんて
エヘヘー
運がよかったんだよ
木津の頑張りのおかげだよ
これで今期は目標達成だな
はい これあげるよ
ごほうび
きゅうりソーダ
これいいうまいの?
さあ…
ブブブブブブ

お疲れ
どうした？
何？落ち着いて話せ
うんうん
それで？
どうやら新川が価格ミスをしたみたいだ
え…
何やってんだよー
データは一元化してるから間違えようがないはずなのに
原因究明は後だ
とにかく先方に謝罪してくる
薄井一緒に来てくれ
はい
課長って大変だなぁ
自分は悪くないのに…
バタバタ…

行軍篇④▶P.100

どうしてこんなことになったんだ？
わかりません
他店の価格もチェックしたうえで交渉してました
データ管理は誰の担当なんだ？
私です
薄井さん！
営業成績悪いんだから後方業務くらいまともにやってくださいよ
でも　ちゃんと毎日データチェックしています
こちらに連絡が来ている分は確実に更新してました

新川はちゃんと決められたところからデータを落としたのか？
はい 薄井さんと確認しました
うーん…
じゃあいったいなぜ…
おそうじ家電特集！
あ！ このデータ 他店のデータが ちがってる！
見せてください
ほら これ
本当だ 新川くんが持ってるのとちがってる…
こっちの担当は木津だよな
先週のデータはどうしてた？
え…いや
先週は出張で…

ていうか
担当がオレってわかっているんだから
確認しない新川も悪いだろ
状況はわかった
薄井 データを直しといてくれ
はい
それと木津…
仕事の分担に責任をもつのは課のルールだ
ミスったらケジメはつけろ
……はい
キミのせいじゃないよ

九地篇③▶P.108

ちょうどいい
薄井
しばらく
新川と
仕事しろ
え?
仕事の基本を
新川に
教えてやれ
え?
あの…

九地篇④▶P.110

優しすぎて
厳しさに欠けるのが
玉にキズだけど
協調性もあるし
教育者としての
素質があると
オレは思っている
おまえの
本当の力を
見せてくれ
期待してる
よろしく
お願い
します!
ペコッ

大丈夫
なんですか
薄井さんで
あの人
後方業務は
ともかく
成績は全然ですよ
オレは薄井には
素質があると
思ってる
ニッ
まあ
見てろよ
ガコッ
よ
おまえの担当
いくつかマサルに
任せることに
したよ
うまいのかね
コレ…
トマトクリームソーダ
どういう
ことですか！
仕事
外すんですか!?
九地篇❶▶P.104

ちがうよ
木津が外れたらうちの課の成績が落ちちゃうだろ
だったらなぜ？
さっきのケジメってやつですか？
ちがうよ
今持ってるところで夜の呼び出しがキツイところを少し他の人に回せ
そうすれば夜はほとんど出なくて済むだろ
おまえ今家が大変なんだろう？
え
無理するな体が資本だ
ごくごく
どうしてそれを…
おまえを見ていればそれくらいわかる
次のクオリティA

行軍篇5▶P.102

ますます
孫武っぽいわね
フフ…
どこがだよ
修羅場になっても
冷静さを失わない
薄井さんの
よい面も
見てるし
木津さんが
成績優秀でも
ひいき
しなかったり
そんなこと
上に立つ者として
当たり前のことでしょ？
そうだけど
できない上司は
多いのよ
あ…
おはよー
これ見て
なんですか
おでん缶？
おいしいんですかソレ
わからん
アハハハ…
おでん

おはようございます!
よろしくお願いしますそんぶさん!
サッ
お…はようあマサルの彼女?
そっす。
な何のこと?
オレはそんな大層なもんじゃないよ
ええそれはもうおっしゃる通りですよね…
コノデン
だからさー…
はい…
とにかくこの手の商品はもうあるし
おたくのブランドイメージを証明できる資料でもあれば考えるけど
おまえの本当の力を見せてくれ期待してる
それはこの資料をご覧ください
うちの製品にも大きなアドバンテージが…!
おっ
九地篇⑤▶P.112

行軍篇②▶P.96
九地篇②▶P.106

よう
すまないな
あそこの接待
キツイだろ
空気キレイ。
確かに
キツイですけど
ありがたいです
それよりオレが
担当しちゃって
よかったんですか？
いやそれは
こっちの
都合だから
迷惑かけて
悪いな
何かあったら
いつでも
言ってくれ
ありがとう
ございます

課長は
きっと全部
お見通し
だったんだよ
薄井さんのことも
課のみんなのことも
ちゃんと見てる
おかげで
課内の雰囲気も
よくなったと
思うよ
仕事も
やりやすく
なったし
よかったね
コン
意外と
いい課長
なのかも
な…
だから
そうなの！

統率力と判断力を高めよう

行軍篇❶

書き下し文

軍を処し、敵を相る

原文の翻訳

軍隊をうまく動かし、見かけから実情を見抜く。

自軍を統率できるようになる

実際に軍隊を率いて戦うときに大切なことを具体的に教えてくれるのが行軍篇です。

ポイントは2つ。それは、「**現状に応じて軍隊をうまく動かすこと**」と、「**見かけから敵情を見抜くこと**」です。

孫課長は、部下たちがボヤいているとき、「本音と建前があるってもんだよ」と言っていました。

孫子の兵法（行軍篇）にも「発言は謙虚でも、戦備を整えているなら、本音は戦うつもりだ」という教えがあります。

今回の場合、孫課長としては、実情を見抜くことの大切さを説くのと同時に、そう言うことによって部下たちの気持ちがマイナスに向かわないように気を配り、営業三課を上手に動かしたかったのでしょう。

本音と建前を見抜くことの大切さ

本音と建前を見抜けなければ、実情も見抜けず、失敗します。

春秋時代の例では、秦国と晋国が戦争したとき、秦国軍は形勢が不利になったので、逃げる時間を稼ぐため、晋国軍の陣営に使者を派遣して、翌日の決戦を約束しました。

使者が帰ったあと、晋国軍の臾駢（ゆべん）は言います。「使者の目が踊っていたので、ウソをついています。秦国軍は逃げるつもりです」

しかし、晋国軍の司令官は、臾駢のアドバイスを聞かず、バカ正直に翌日の決戦に備えました。その結果、秦国軍を取り逃がしてしまいました。

孫課長のように考えることで、理不尽な言葉も広い心で受けとめられるのかもしれません。

人の本音を探るときのコツ

口では厳しいことを言っている上司も、本当の思いはちがうのかもしれません。表面的な態度や言葉に惑わされないためのコツを覚えておきましょう。

相手の立場だったら…と想像する

本音を探るには、想像力を働かせます。たとえばもし自分が上司の立場だったら、部下に何を思うのか、どんなふうに言うのかを考えるのです。そうすれば、上司（相手）の気持ちが読めてきます。

勝つための方法を知っておこう

行軍篇❷

書き下し文

およそ此(こ)の四軍(しぐん)の利(り)は、黄帝(こうてい)の四帝(してい)に勝(か)つ所以(ゆえん)なり

原文の翻訳

およそ以上４つの軍隊にとって利益となる配置に仕方は、黄帝（昔の名君）が四方の強敵に勝った方法だ。

マニュアルは戦いに有利

薄井は、営業成績はイマイチですが、仕事に関する知識はピカイチ。仕事のノウハウがわかっているので、孫課長から慣れない得意先への営業を割り振られたときも、結果的にうまく対処することができました。

このようにノウハウを身につけておけば、なにかと便利です。そのノウハウをまとめたものとして、マニュアルがあります。

マニュアルがあれば、初めてのことでもすんなり対処できます。たとえば、初めて扱うパソコンソフトでも、マニュアルを参照しながら操作すれば、人並みに使いこなせるようになるものです。

仕事に不慣れな新人でも、マニュアルを把握していれば、それ相応の仕事ができます。マニュアルの完成度が高ければ、戦力外の人材を即戦力に変えることも不可能ではありません。

マニュアルとしての孫子の兵法

孫子の兵法は、いわば戦い方のマニュアルです。

そのなかでも、孫武自身が身をもって得た戦いの経験則が書かれている行軍篇は、具体的な戦い方を教えてくれる実戦マニュアルといえます。

昔の話なので、今では役に立たない教えもありますが、マニュアルの大切さを教えてくれる点では、今でも大変参考になります。

薄井は日ごろからよく勉強し、知識をつけていたからこそ冷静に対処できたのです。

マニュアルを知っておくメリット

ここでいうマニュアルとは、戦い方をいいます。過去の経験からつくられたマニュアルを頭に入れておくことで、様々なメリットがあります。

1 いざというとき判断に困らない

トラブルなどに直面したとき、どうすればいいかを即座に判断できます。困ったときは、マニュアルを思い返しましょう。

2 経験が少なくても冷静に対応できる

人の経験を自分の経験に活かして、経験不足を補えます。そのため、初めてや慣れない事態が起きても、落ち着いて対応できます。

3 同じ失敗を繰り返さない

マニュアルは、どんどん更新していくようにしましょう。過去の失敗を経験値とし、同じミスをしないための自らの糧となります。

“弱そうな人ほど気をつけよう”

行軍篇❸

書き下し文

敵の近くして静かなる者は、其の剣を恃むなり

原文の翻訳

敵が近くにいて静かなのは、地形の険しさを頼りにしているからだ。

敵の本質を見抜く経験則

孫子の教え（行軍篇）では、あらゆる状況においてその本質を見抜く**31の経験則**が述べられています。これは、数多くの戦いの経験をもとに、まとめあげたものです。

この経験則を知っていれば、戦いの経験が少なくても、敵から身を守ったり、攻撃のタイミングをはかったりするときに役立ち、戦いやすくなります。

たとえば、「鳥が飛び立ったときは、その下

このシーンに注目！

孫課長は一見大人しく見える薄井にも、隠れた才能があるのではないかと言っています。

に敵が隠れている」という経験則。これは「**まわりに起きた一見関係のないような出来事からでも、敵の状況を把握できる**」という教えです。

またたとえば、「兵士が少しだけ出てくるなら、こちらを誘い出そうとしている」という経験則。これは、「**敵の様子がおかしいときは疑ったほうがいい**」という教えです。

見かけで判断できることもある

人は経験を重ねるほど、いろんなことが身につくようになります。たとえば、営業経験が豊富なら、少し接客しただけで、その人が見込み客なのかどうかわかるようになるといいます。

たくさんの人と関わるうちに、他人の本心を素早く見抜く力が備わるのです。

薄井は一見すると大人しくて頼りなさそうですが、孫課長は自身の経験から、薄井の能力を見抜いていたのかもしれません。

あやしいときは気をつけよ

孫子の教えに「すみやかにこれを去り近づく勿れ」という記述があります。戦いの場所が悪く、自由に動けないところは、身動きがとれなくなる危険があるので、すぐに立ち去ったほうがいいという経験則です。

危険な場所には近づかない

こちらが不利な状況になりそうなときは、早めに判断して、立ち去りましょう。

また、物事がスムーズに進みすぎているときなどは要注意です。一度冷静になり、話がうますぎないか、何か罠（わな）があるのではないか、と疑ってみましょう。

人に相談して客観的に見てもらうのも手です。

リーダーシップを身につけよう

行軍篇❹

書き下し文

兵は多きを益とするに非ず

原文の翻訳

軍隊は数が多ければよいというものではない。

リーダーに求められる資質

木津の失敗でトラブルが起きたとき、孫課長は自ら謝罪に出向きました。こうした模範的な行動こそ、リーダーに必要な資質でしょう。

部下は言って聞かせるだけでは動きません。上司が自ら実行して見せるからこそ、部下が動くのです。

リーダーに必要な4つのこと

孫課長は謝罪に出向くとき、薄井を同行させました。さらに新人の教育を薄井に任せます。どうして孫課長は薄井を高く評価したのでしょうか。それは薄井にリーダーに必要な4つの資質のうち、3つが身についていたからでした。

4つの資質とは、一「**よく考えて動くこと**」、二「**チームワークを保つこと**」、三「**敵のことを調べること**」、四「**みんなを従わせること**」です。

たとえば薄井はよく考えて動くため、無謀なことはしません。チームワークを大切にするのでスタンドプレイに走らず、他の課員をバックアップしています。仕事に関する知識が豊富なのは、事前によく調べているからです。つまり資質の一〜三を備えているのです。

ただし、薄井は優しくて大人しいので、四の「みんなを従わせる力」が不足しています。それでも薄井には、リーダーとしての資質が備わっているので、孫課長は薄井に一日を置いていたのでしょう。優れた上司は、部下の仕事ぶりをこうして分析しながら見ているものです。

部下がミスをしたときは、どんなことがあっても一緒に謝りに行くという、課長としての義務（責任）を果たします。

リーダーシップをとるために必要な４つのこと

孫子の兵法（行軍篇）では、リーダーの資質として次の４つのことが必要だと説かれています。

① 熟慮

よく考えて動く

「A をしたいとき、B をすればうまくいくから、B をしよう」といった感じで、まず考えてから動く。

② 協調

チームワークを保つ

「ひとりはみんなのために。みんなはひとりのために」を心がけ、自分のペースで動かない。

③ 調査

敵のことを調べる

「敵はどういう相手で、どこが強くて、どこが弱いのか」など、事前の調査を欠かさない。

④ 統率

みんなを従わせる

自分が「〇〇するぞ」と言ったことに対し、みんなも「〇〇しよう」と言うように従わせる。

ときに優しく、ときに厳しく

行軍篇❺

書き下し文

之を合するに文を以ってし、之を斉えるに武を以ってす

原文の翻訳

文徳によって
兵士を命令に従わせ、
武威によって兵士に
秩序を保たせる。

統率力を身につける

101ページでも解説したように、薄井にはみんなを従わせる**統率力**が不足しています。この力を身につけるには、どうすればいいか。基本は、優しさと厳しさの両方を持って接することです。

順番としては、優しくしてから厳しくするのがよいといわれています。まず優しくして相手の心をつかんでおけば、厳しいことを言っても、相手は聞く耳を持ってくれるのです。

孫課長はすでに木津の心をつかんでいました。1章でマサルが孫課長に対する不満を口にしたとき、木津は孫課長のすごさを言って聞かせるシーンがあります（▼P.29）。木津が孫課長に信頼を寄せている証拠です。

優しくしても甘やかさない

木津が失敗したとき、孫課長はきちんと叱っています。木津の成績がよいからといって、甘やかすことはありませんでした。

しかし、木津への配慮も行き届いていました。

相談されなくても、様子を見て、悩みを見抜いていたのです。まさに信賞必罰（しんしょうひつばつ）というものです。

こうした態度を示してこそ、みんなを従わせるよきリーダーといえます。薄井に足りない統率力を、孫課長に見ることができます。

孫課長は木津の苦労を誰よりも知っていました。

アメとムチの使い分け

木津に対する孫課長を例に、アメとムチの使い方を見てみましょう。

叱るときは叱る

ミスをしたときは叱る。甘い言葉はかけず、威厳を見せます。

ほめるときはほめる

よい成績をあげたときはほめる。よいことはきちんと評価します。

環境に応じて対応しよう

九地篇❶

書き下し文

用兵の法に、散地あり、軽地あり、争地あり、交地あり、衢地あり、重地あり、圮地あり、囲地あり、死地あり

原文の翻訳

用兵の原則として、（地勢の類型には）散地があり、軽地があり、争地があり、交地があり、衢地があり、重地があり、圮地があり、囲地があり、死地がある。

環境に応じて最適な方法を求める

普段なら仕事のできる木津にはめずらしく、初歩的なミスを犯しました。営業三課にピリピリした空気が漂います。このままでは課のチームワークも崩壊しかねないという状況になりました。

そのとき孫課長は、こうした状況を好転させるため、マサルに木津の仕事を分担させることにします。こうした環境（＝自分たちの置かれている状況）に応じて体制を変えるやり方こそ、

このシーンに注目！

おまえの担当いくつかマサルに任せることにしたよ

うまいのかねコレ…

トマトクリームソーダ

孫課長の判断は、ミスをきっかけに、これまでの体制を変えなければいけないと考えたうえで判断しました。

課のピンチにも臨機応変に対応する柔軟性！さすが孫課長ね！

孫子の兵法（九地篇）の肝となる教えです。

九地篇のポイントは、一「**環境に応じて最適なやり方を選ぶこと**」、二「**敵を翻弄して弱めること**」、三「**ピンチを利用して一致団結と一所懸命を実現すること**」です。

適応した者が勝ち残る

戦争では、常に同じ環境で戦えるとはかぎりません。自国に近くて兵士が危険時に逃げやすいときもあれば、自国から遠くて補給が難しいときもあります。置かれている環境のちがいに応じて、戦いやすさも変わってきます。

これはビジネスでも同じです。ビジネスを取り巻く環境は目まぐるしく変わるものです。こうした環境の変化に適応できてこそ、勝ち残る（＝生き残る）ことができます。

これは進化論の概念、適者生存にも当てはまります。「最も強い者が生き残るのでもなければ、最も賢い者が生き残るのでもない。環境に適応できた者が生き残る」という考えです。

九地とは

「九地」とは、あらゆる状況を９つのタイプの土地に分けて示したことに由来しています。

- **散地**（さんち）　自分の土地で戦うときは、戦うな
- **軽地**（けいち）　敵の土地に入ったら、止まるな
- **争地**（そうち）　有利な状況が見えても、すぐに攻めるな
- **交地**（こうち）　入りやすい土地は、逃げ道を確認しろ
- **衢地**（くち）　まわりを国に囲まれている土地では、各国と仲良くしろ
- **重地**（じゅうち）　敵の土地に深く入ったら、物資を調達しろ
- **圮地**（ひち）　通りにくい土地からは、移動しろ
- **囲地**（いち）　囲まれそうな土地なら、敵を陥れろ
- **死地**（しち）　絶体絶命なら、必死に戦え

あえてピンチに追いやろう

九地篇❷

書き下し文

兵士（へいし）は甚（はなは）だ陥（おちい）れば則（すなわ）ち懼（おそ）れず、往（い）く所（ところ）なければ則（すなわ）ち固（かた）し

原文の翻訳

兵士はひどく行き詰れば怖いもの知らずとなり、逃げ場がなくなれば団結する。

あえて背水の陣に追い込む

人は誰しも共通のピンチに直面すれば、踏ん張りを見せ、一致団結します。

たとえば、会社が倒産のピンチに陥ったとします。会社が倒産すれば、社員は路頭に迷うことになります。ですから、社員は必死になり、会社を倒産させまいとして、一生懸命に頑張るようになります。

たとえ社員同士の仲が悪くても、このときばかりは協力し合うようになります。倒産のピンチはチャンスでした。危機的状況を逆手にとって利用したのです。

ピンチはチャンス

敵を弱める方法として、孫子の教え（九地篇）に「**敵を翻弄（ほんろう）し、そのチームワークを乱す**」という戦法がありますが、営業三課の場合、木津のミスをきっかけに、敵ではなく自分たちのチームワークが乱れそうな状態に陥りました。

しかし、孫課長にとって、課のピンチはチャンスでした。危機的状況を逆手にとって利用したのです。

チを前にして、けんかしている余裕なんてないからです。誰もが一致団結して仕事に取り組むはずです。

孫課長が、足を引っ張っていたはずの薄井と新川の成功を大きく公表したのには、営業三課の課員に発破をかける意図があったのです。

新川の成功を発表する孫課長。課員を刺激することで、モチベーションを上げます。

ピンチは人を強くする

ピンチに追い込まれると、人は力を発揮します。
以下の２つの心理を利用して、兵士の力を強くするという教えです。

一生懸命になる

「火事場の馬鹿力」というように、ピンチになると人はそれまで以上の力を出しその場を切り抜けようとします。

一致団結する

ピンチに陥ったとき、集団は互いに協力して生き延びようとします。団結力が高まり、集団の力が強くなります。

リーダーはクールに公平に

九地篇❸

書き下し文

将軍の事は、静にして以って幽く、正にして以って治む

原文の翻訳

将軍のすべきことは、物静かにして本心を隠し、公正にして全軍を整えることだ。

どんなときもクールさを失わない

孫子の兵法（九地篇）では「**将軍はクールかつフェアでなければならない**」という教えがあります。

価格ミスのせいで、取引先は激怒しました。木津は責任転嫁して、薄井や新川を責めます。責任転嫁されたほうは不満でしょう。いつけんかになってもおかしくありません。営業三課は動揺します。

しかし、孫課長はあくまでもクールでした。落ち着いて対処して見せます。そんな孫課長の指導がよかったのか、事態も収束していきます。

さらに孫課長はこのトラブルを利用して部下の危機感をあおり、営業三課の士気と団結を高めました（▼P.106）。

このように冷静な姿勢は、ピンチをチャンスに変えるために不可欠な資質なのです。

誰に対してもフェアに振る舞う

クールなだけでは、リーダーシップを発揮できません。普段からリーダーがフェアに振る

舞っているからこそ、部下たちも納得してリーダーの指示に従うようになるものです。

もしリーダーがえこひいきするタイプなら、部下たちは不満や反感を持つようになります。ピンチを前にして、誰もリーダーの下に団結しようとはしなくなり、チームは崩壊します。

孫課長は、もちろんフェアでした。木津の営業成績がよくても、木津の失敗に目をつむったりせず、きちんと叱っています。

仕事ができる木津に対しても、ひいきはしません。ミスをしたときは厳しく対応します。

リーダーはフェアであれ

部下は誰しも、内心ではリーダーからひいきされたいと思っているものです。だからこそリーダーはクールに振る舞い、部下に感情を読まれてはなりません。

やっぱりぼくはダメなんだ…

自信を失う

ためらわずに決断しよう

書き下し文

無法の賞を施し、無政の令を懸け、三軍の衆を犯し、一人を使うが若くす

九地篇❹

原文の翻訳

（将軍は）法外な恩賞を与え、規制の枠にとらわれない命令を出し、全軍の兵士を従わせ、まるで一人を動かすかのようにすんなりと全員を動かす。

思いきりのよさも大事

リーダーが優柔不断だと、ピンチを乗り切ることはできません。ときとしてリーダーには**思いきりのよさ**が求められます。

孫課長は、頼りなく見える薄井に対し、思い切って新人教育を一任しています。薄井の働きぶりを見て、以前から考えていたことでしたが、営業三課のみんなにとっては考えられないこと。それでも、新人の新川のためにも、薄井にきちんと指導してもらうのが最善な選択と考え

このシーンに注目！

孫課長の意外な決定に、薄井も課員も驚きます。最善の選択と思えば、孫課長はためらいません。

た孫課長は、ためらうことなく決断しました。

営業三課内がぎくしゃくしてしまったときだからこそ、「とんでもない」と言われることがわかっていても、課員の配置替えが必要だと孫課長は考えたのでしょう。

商鞅（しょうおう）の決断

中国史のエピソードに、こんなものがあります。戦国時代、秦国の商鞅が、国の改革のために新しい法律を定めたときのことです。

商鞅の改革に反対した貴族たちは「太子※に法律を破らせれば、改革も終わりになるだろう」と目論見、わざと太子に法律を破らせました。しかし商鞅は太子を処罰します。まさか太子が処罰されるわけがないと思っていた人々は驚き、その後、誰もが法律を従うようになったといいます。思い切った判断を下した結果、改革が成功したのです。

※皇帝や諸侯の子息。世継ぎ。

リーダーに必要な決断力とは

リーダーに決断力がある場合と無い場合では、チームの戦闘態勢にも差がつきます。

決断力のないリーダー ×

優柔不断で、決断が遅いリーダーでは、方向性が定まらないうえ、戦闘の準備が遅くなります。またチーム内の不安感も募ります。

決断力のあるリーダー ○

決断が早いと、どう行動するべきかがすぐにわかり、戦闘態勢が早く整えられます。自信ある指示に、メンバーの信頼感も高まります。

ピンチをチャンスに変えよう

九地篇❺

書き下し文

始めは処女の如くして、敵人の戸を開き、後は脱兎の如くして、敵の拒むに及ばず

原文の翻訳
はじめは少女のように振る舞い、敵を油断させ、敵が油断して門戸を開いたら、逃げるウサギのように素早く動き、敵に対応する余裕を与えないようにする。

油断大敵を利用する

「油断大敵」という言葉があるように、人は油断すると自滅しかねません。ですから、危機感や警戒感を忘れないことが大切です。

しかし、裏を返せば敵が油断するということは、自滅してくれるということ。そうなれば大歓迎。こちらは戦わずして勝つことができます。

これは孫子の教え（九地篇）の「処女脱兎」という「**弱く見せかけて敵を油断させ、敵が油断したらその隙をついて勝つ**」という教えです。

敵を油断させ、味方をピンチに追いこむ

営業三課の面々が薄井のことを「仕事ができない」と軽く見ているとき、孫課長は薄井に活躍の場を与えました。薄井は孫課長の期待通り、成果を出して見せます。

この快挙は、営業三課の面々にしてみれば、油断していたら出し抜かれてしまったという状態。まさに「処女脱兎」作戦にやられたのです。

孫課長は、これを応用して、営業三課の士気と団結を高めることに成功しました。

孫武の成功 タネあかし

現場で本領を発揮できない薄井に対して、孫課長がこんな話をしていました。

孫課長

今度、新川と一緒に新規契約に行ってくれ

薄井

私で大丈夫でしょうか？

孫課長

木津は事情があって、仕事に身を入れられない状況だ。だからこそ今、薄井に結果を出してほしいんだ

薄井

なぜ今なんでしょうか？

孫課長

木津が戦力を失ってる今だからこそ、課に利益を出す結果を出せばみんなも喜ぶ。新川の見本にもなるし、薄井にここで勢いをつけてほしい

↓

薄井の背中を押して、名誉挽回のチャンスを与えていた！

薄井と新川のこの作戦が営業三課にもたらしたインパクトは大きく、孫課長はこの状況を利用して営業三課のモチベーションアップにつなげます（▼P.106）。

まさに敵（営業三課の同僚ら）を油断させ、その隙につけ込むことで、成功をつかんだわけです。

このシーンに注目！
おまえの本当の力を見せてくれ期待してる

薄井は自分が今まで培ってきたノウハウを、ようやく発揮します。その背中を押したのは、孫課長の言葉でした。

社内政治に勝つ

リーダーシップ 実践テク

営業三課を率いる孫課長は、部下から慕われる存在です。
リーダーシップを発揮するには、日々の会話や行動がポイントとなります。

レベル 1

部下・後輩と同じ目線で話そう

部下をよく知るリーダーは慕われます。部下を知るためには、腹を割ったコミュニケーションができる人間関係をつくること。部下とはいえ相手は対等な人間です。自ら挨拶をしたり、気を遣わせないくだけた言葉遣いで接したりしてみましょう。

レベル 2

部下・後輩の「できない」を補おう

部下を指導・教育していくのもリーダーとしての務めですが、大切なことは、いざというときに部下を守れるリーダーであること。部下が失敗したり、力不足で困っていたりしたら、自ら動きましょう。部下はリーダーの背中を見て育つものです。

レベル 3

部下・後輩どうしを競わせよう

チーム力を上げるには、部下どうしを競わせることです。ポイントは、特定の部下をひいきするような発言をしないこと。たとえば期待されていない部下に、少しだけ手をかけて、結果を出させてみましょう。同僚から刺激を受け、個々のレベルが上がるようになります。

3章 マサルと孫課長、九州出張へ

~社内での人脈づくり~

虚実篇・軍争篇

朝!!
ふぁぁ…
フラ…
大丈夫ですか?
触るな!
何だよ
心配して
やったのに
うるさい!
ドス
ドス
誰だよ
あれ
ひどくね?
あれは
総務の
部長だよ
かわいそうに
これで
おまえの出世は
なくなったかもな
ひょこっ
うわっ
課長!
ザザッ
おはよ
亀ぜりーしるこ

虚実篇⑤▶P.144

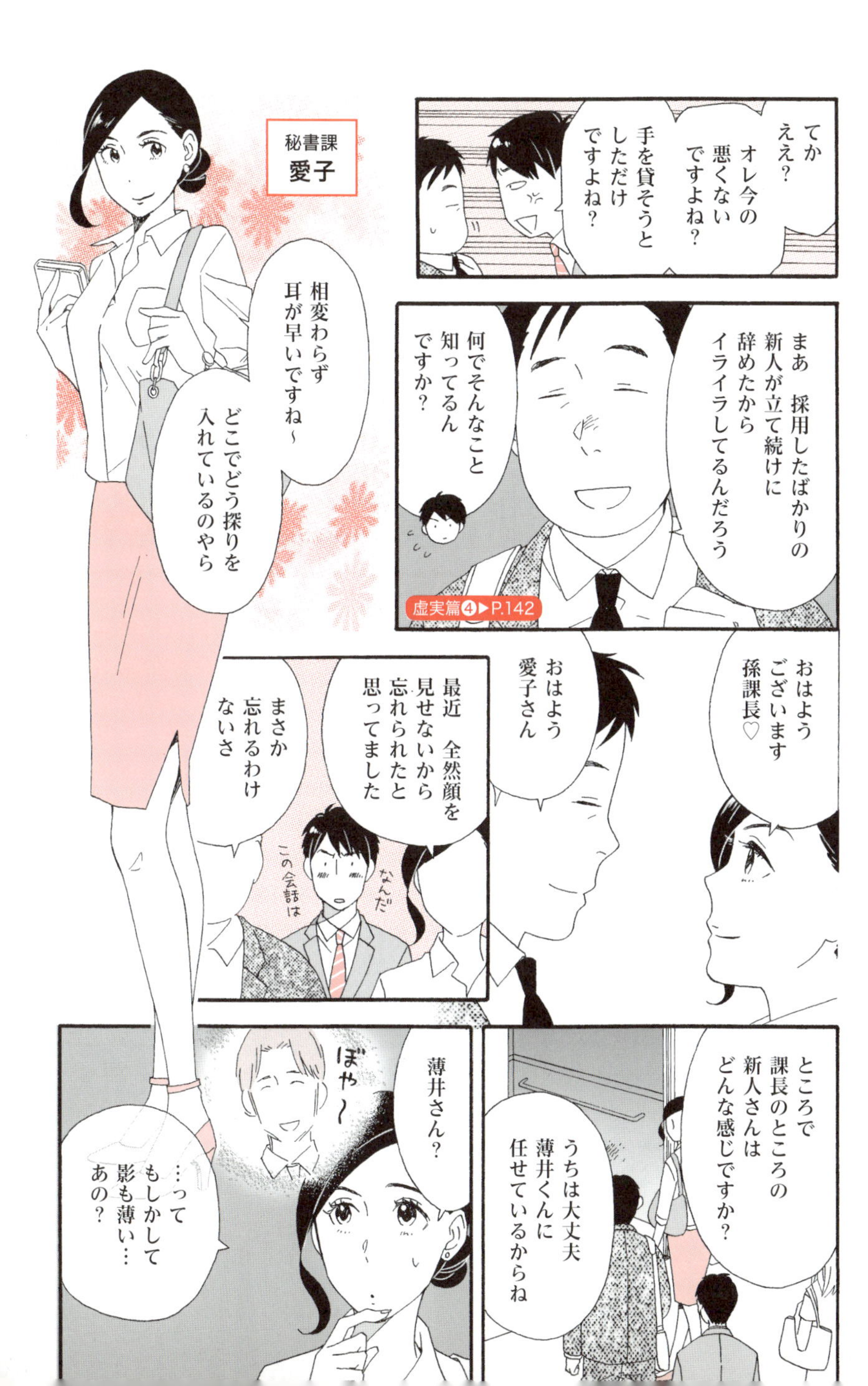
てかええ？オレ今の悪くないですよね？
手を貸そうとしただけですよね？
秘書課
愛子
まあ 採用したばかりの新人が立て続けに辞めたからイライラしてるんだろう
何でそんなこと知ってるんですか？
相変わらず耳が早いですね～
どこでどう探りを入れているのやら
虚実篇④▶P.142
おはようございます孫課長♡
おはよう愛子さん
最近 全然顔を見せないから忘れられたと思ってました
まさか忘れるわけないさ
この会話は
なんだ
ところで課長のところの新人さんはどんな感じですか？
うちは大丈夫薄井くんに任せているからね
薄井さん？
ぼや～
…ってもしかして影も薄い…あの？

彼は仕事が丁寧で根気強い
新人教育には適任だよ
そんなに？
ああ
虚実篇❶▶P.136
仕事の知識も豊富で説明もわかりやすい
安心して任せられるね
そこまで課長に信頼されたら彼も自信がつくでしょうね
部下はほめてのばすってね
薄井さん覚えておきます
ポン
000…000
課長 今の人誰なんですか？
秘書課の愛子さんだよ
…あ！
お孫さんどう？
おかげさまで
わきあいあい
オレは人を知らなすぎだけど
課長は本当に知り合いが多いなぁ…

九州よかとこ
うまいもの
カチャ
カチャ
おまえ来週九州に出張なんだって？
うまいもんでも食べてこいよ！
カチャ
カチャ
静かにしてください！
ガッ

も～時間とか交通手段とか
事前に調べることがあって大変なんですから！

え？
いつどこにどうやって行くか　とか予定しなくていいんですか？
行けばなんとかなるって
はっはっは
虚実篇③▶P.140

事前予習は大切だけどそんなに時間をかけなくてもいいぞ

課長総務から電話です
は－い

やっほー
ようこそ九州！
ニコニコ
ぜぇぜぇ
孫課長ー！
どんっ
九州営業部
古賀
お疲れさまです！
はい これ おみやげ！
でかっ
またいつものですね
フフ…ありがとうございます
かぼちゃソーダ

はじめまして
福岡営業所の
古賀です
あ
どうも
あたふた
えーと…名刺
じゃあ
まず○×電気
へ…
がさがさ
はかた
MAP
よろしく
お願いします
ぺこり
いいよ
彼に任せれば
はい！
え？
でもオレ
ちゃんと調べて
きましたよ？
地元に詳しい
古賀くんが
加わったんだから
任せようよ
はい！
お任せ下さい
しっかり
バックアップ
しますよ
○×デンキ博多

軍争篇②▶P.148

軍争篇❸▶P.150
―1店舗目―
ここの店長は
はじめはキツイ要求
ばかりでしたけど
信頼関係を築いてからは
よい相談相手に
なってくれています
―2店舗目―
ここの店長は
少しでも甘いことを
言うとつけ込まれます
ただ　きっぱりした態度を
くずさなければ
無理難題も言ってきません
―3店舗目―
ここは正直厳しいです
ライバル店と
熾烈な価格競争を
しているので
シビアな価格設定を
強要してきます
なので
とにかく
下手に出ています

いや～
顧客によって
顔を使い分ける
とは！
まさに
「風林火山」
そんなぁ～
それほどでも
ブロロ…
でも古賀くんの
おかげで
思った以上に
順調に
顧客回りが
できたよ
それは
よかった
です
地方へは
年に一回
くらいしか
来れないから
店舗の担当者も
変わってしまう
しね
このまま
ホテルに
行きますか？
一度
荷物を置いて
食事に
出ようか
いいですね
………

じゃあ行こうか
あ　オレ調べてきたんで
ちらっ
そこらへんは旅行者向けのお店ですね
地元民おすすめのリーズナブルな店に案内しますよ
なぬっ

古賀くんに任せるよ
え　でも…

そのほうがスムーズにいくし楽じゃん

頼れる人がいるなら頼ってしまえばいいんだよ
ポン

軍争篇⑤▶P.154

実は

僕が一度本社でも
問題になるくらいの
ミスをしてしまった
ことがあるんです

そのとき
本社から得意先に
謝罪に来たのが
孫課長でした

課長は何も
言いませんでしたが
自分のミスのせいで
本社の人にまで迷惑を
かけてしまったことで
すっかり心が折れてしまって…

なので、その件が片付いたら
もう辞めようと思っていたんです

そしたら孫課長が—
これからのキミは有望だな
失敗は成功のもとって言うだろ
失敗した古賀くんだからこそ起死回生も可能になる
軍争篇❶▶P.146
それで何度も何度も必死になって謝罪に行って……
惨めに思われるくらいとにかくひたすら謝れ！
本当に申し訳ございませんでした!!
うちはもう大丈夫だから頭上げてよ
これからは頑張ります!!
時間をかけて少しずつ信頼を取り戻してもらえたんです
そうして気が付いたら
九州でトップの成績になっていました
営業部九州支部成績
古賀
すごいじゃないか！
ありがとうございます！
そしたらまた孫課長が訪ねて来て
よっ。
営業トップおめでとうーお祝いに来たよー
えっ

孫課長って
ちょっと
変わって
ますよね
ミスを責める人は
いるけどわざわざ
僕を祝いにくる人は
いなかったから
びっくりしました
でも　とにかく
惨めに思われるくらい
ひたすら謝れって
助言してくれたのは
課長なんですよ
あとから
「あれってどうして
だったんですか？」
って聞いたら
「はったりを
利用しただけだ」
って言われて…
はったり…？
翌日
ブロロロ…
3km
20km
工場に
行くのは
初めてか？
はい
自社工場は
一度見ておいた
ほうがいい
はい
ちょうど今
企画開発部の人も
来てるから
そこにも顔を
出しておこう
はい

うおお
すごい食いつき…
もともと家電オタクだったらしいよ
べったり
いや～すごいなー
喜んでもらえて嬉しいよ
この先が企画開発部だ
スタスタ
ん…？
よう
あいつ!!

企画開発部
よく来たな
お疲れ様です
つくったものを黙って売ればいいんだ
得意先回りか
何か気が付いたことあったか?
はい 以前は何が何でも多機能高性能でしたけど
最近は単機能で絞ったものがユーザーを増えましたね

フン
だから最近はおもしろくもなんともないわ
昔つくったテレビ付きラジオとかはおもしろかったなぁ
ズズ…
バッ
ええ! それつくったの室長なんですか?
なんだ突然
そうだあれはオレが企画してつくらせたんだ

しゃべる電子レンジとか
全メーカーのゲームが使えるゲーム複合機とか
おはようございます
オレそれ持ってました！
無意味な合体家電！
わく
意味はあんだよ！
ペシッ!!
すごいなぁ あれ全部室長が？
誰もつくらないものをつくるなんてすごいです！尊敬しますよ！
へへへ
おうよ
生みの苦労はあるがその先に成功があると信じていた
ドヤア
虚実篇❷▶P.138
それなのにおまえらは流行りとか売れ筋とか
大事なのは製品に対する愛だろ！
何言ってるんですか！
その確かな技術をわかりやすくアピールしなくてはいけないんです！
軍争篇❹▶P.152

オレはとにかくうちの製品が好きで営業やってるんです！
相変わらずアツいなーマサルは
気に入った！
バ
ン
痛っ！
じっ…
え…
よし！もっといいもの見せてやるから来い！
どこ行くんですかっ！
電化製品アーカイブ 1960
うわ〜
懐かしい！
プル
プル
すごいすごい
これがポケベル…
にこ
にこ
あっ目玉焼き器付き目覚まし時計!!

現場でつくっている人の気持ちがわかる営業とそうでない営業はちがいます
今日はマサルにとってとてもいい経験になったと思います
ありがとうございました室長
フッ…
○○電機
RRRR
それはこっちに
はい
薄井さん
内線。
総務部から
え 総務？
はい 薄井です
え？
はい？

辞令
営業三課　薄井　殿
□月×日より　人事課
係長に　す。
平成○年
○○電機株式会社
取締役社長
え――――!!
マジか！薄井さんが人事課の係長!?
どういうことですか？
大抜擢ってことだよ
薄井さんさすがです！
僕なんかがなんで？
おまえの働きが評価されたんだよかったな
はい

居酒屋
二十五時
宴会承ります
へ～
それは大出世ね
それに
しても
なんで総務部が
薄井さんの
新人教育の手腕を
知ってたんだろ
孫課長が
言ったんじゃ
ないの？
総務から
電話がかかって
きたりは
してたけど
あの人は顔が
広いからなぁ
この間も
秘書課の愛子さん
って人と親しげに
話してたし
愛子さん！
それだよ！
ズビ
え？

秘書課の
愛子さんといえば
うちの会社では
有名な人なのよ！
あの人
そんなすごい
人だったのか
社内のいろんな
情報を知っていて
それを知っている
お偉いさんが
わざわざ愛子さんの話を
聞くっていううわさも
あるんだから
それを知ってて
課長は薄井さんの話を
したんじゃない？
でも
薄井さんが
いなくなったら
三課にとって
損失だよ
SCHEDULE
でも薄井さんに
とっては
いいことでしょ？
そうだけど…
総務にとっても
いいし
愛子さんの
株も上がる
人によくすれば
いずれ自分も
人からよくして
もらえる！

孫課長は
それもすべて
計算してるのね～
さすが
うーむ

他人をコントロールしよう

虚実篇❶

書き下し文

善(よ)く戦(たたか)う者(もの)は、人(ひと)を致(いた)して人(ひと)に致(いた)されず

原文の翻訳

戦いのうまい人は、相手を動かすようにして、相手に動かされないようにする。

他人を使って目的を果たす

孫課長は、部下の薄井を有能だと評価しています。しかし、営業三課のみんなは薄井を無能だと思っています。おそらく会社からも評価は低かったはずです。

優秀な人材をくすぶらせておくのは、もったいないと思ったのでしょう。孫課長は、愛子に薄井の有能ぶりをアピールします。

愛子は、人事に顔が利く人物でした。愛子の口利きがあって、薄井は人事部に係長待遇で異

このシーンに注目！

孫課長は愛子の前で薄井のよさをアピールし、会社の人事を操りました。

動となり、大出世を果たします。

このように、うまく他人をコントロールできれば、目的を達成することができます。孫子の兵法の「虚実篇」では、主に他人をコントロールして成功する方法を説いています。

損得でコントロールする

他人を引き寄せたいなら、こちらに来ると得をすると思わせます。

たとえば、お店にお客さまを引き寄せたいとき、格安の特売品を用意すれば、来店数を増やすことができます。

反対に、他人を遠ざけたいなら、こちらに来ると損をすると思わせます。

「この仕事は本当に大変だよ」とアピールしていれば、他社も新規参入をためらうでしょう。こうして自社のマーケットを守ることができます。

他人をコントロールする方法

孫子の兵法（虚実篇）では、他人をコントロールする方法を全部で10通り紹介しています。その基本は、損得にあります。下の例はそのうちの2つです。

おだてて操る

相手をほめることで気分をよくすると、こちらに忠誠を示すようになります。

得があると思わせる

事前に情報を知らせ、その行動をすると利益があると思わせます。

人とちがうことをしよう

書き下し文

其の趨かざるところに出で、其の意わざるところに趨く

虚実篇❷

原文の翻訳

敵の進軍していないところに出向き、敵の思いもよらないところに進軍する。

強みを使って弱みを攻める

孫子の兵法（虚実篇）のなかに「**敵の向かわないところに出る。敵の思いもよらないところに向かう**」というものがあります。相手にとって想定外のことをすれば、相手は対応に手間取り、弱ってしまいます。そこを攻めれば楽勝だという戦略です。

仕事でも、誰もが思いつくようなことをしていては、なかなか大成できません。企画開発部の室長が出世できたのも、過去にユニークな家電製品をつくり、ヒットさせることができたからでした。

昔から数々の偉人たちがしてきたように、誰も通らない道を選んだ者には、苦労の末の成功が待っているものです。

自分らしい分野で頑張る

また、人とちがうことをするという発想は、ライバルと競うときも役立ちます。同じ仕事でライバルに勝てないなら、ちがう分野で頑張ってみましょう。誰もが同じ土俵で戦う必要はありません。無理に苦手分野を克服しようとするより、自分の得意な分野を伸ばすほうがずっと効率的です。
　また、自分の力が発揮できないことに悩んでいるのなら、自分の得意分野を見つめ直してみます。たとえばトークが得意なら、絶妙なトークで顧客の心をつかむことができるかもしれません。会社の売上アップに貢献できる、自分のやり方を見つけましょう。

このシーンに注目！

室長は誰もつくったことのない商品を考え、歴史に残る大ヒット商品をつくりました。

オンリーワンの強さをもて

ライバルとの差をつけるには、必ずしも同じことで競う必要はありません。独自の得意分野をもつことも、強さにつながります。

専門分野のいない領域はチャンス

　どんなに頑張っても、勝ち目がないこともあります。そんなときは、別のフィールドを見つけること。
　自分の得意分野を強化するか、誰もできないようなことを磨いてみるのです。ナンバーワンより、オンリーワンを目指しましょう。

とらえどころをなくそう

虚実篇❸

書き下し文

人を形して我の無形なれば、則ち我は専らにして敵に分かる

原文の翻訳

相手を陽動してこちらの実情を知られないようにすれば、こちらは兵力を集中でき、敵の兵力は分散される。

敵の目から身を守る

こちらの思惑を相手に知られてしまうと、相手にコントロールされかねません。

たとえば、商談のとき、こちらが「90万円までなら支払ってもよい」と考えていることを相手に知られたとします。すると、こちらがいくら「70万円まで安くならないなら成約は難しい」といっても、安くはならないでしょう。なぜなら、相手は「なんだかんだ言っても、90万円でも買ってもらえる」と思うからです。

このシーンに注目！

え？
いつどこにどうやって行くか　とか予定しなくていいんですか？
行けばなんとかなるって
はっはっは

出張先の準備や下調べようをしない孫課長に、戸惑うマサル。孫課長の考えていることはいつも予測がつきません。

だからこそ、商談や交渉のときには、自分のことを相手の目から隠す必要があるわけです。

中国史で、春秋時代に越(えつ)軍と呉(ご)軍が川を挟んで戦ったときの例があります。

越軍は軍を2つに分け、ひとつの軍を左右から川を渡らせ、両脇から攻撃を始めたように見せました。呉軍は左右に分かれて迎え撃ちましたが、その隙に越軍のもうひとつの軍が中央から川を渡り、呉軍を大敗させました。

損得でコントロールする

孫課長は、普段からミステリアスなところの多い人物です。それは敵の目から身を守ることの大切さを知っているからでしょう。

九州出張の際も、マサルに対して「いつ」「どこ」に行くのか、明確にしていません。もちろん秘密にする必要のない場面ではありますが、やはり普段からの備えが大切なのでしょう。

行動パターンを読まれるな

普段から何をしでかすかわからないと思われていれば、心の中の策略も読まれにくくなります。

孫課長はときどき突拍子もない行動をします。

謎の行動で、本来の目的をカモフラージュしよう

孫課長は古賀の成功を祝うために、突然九州までやって来ました。一度会っただけの間柄の古賀が驚くのも無理はありません。

しかしこの訪問の本当の目的は、九州営業部の古賀を、今後の営業活動のために、味方につけておくことだったのです。

常に情報網を張りめぐらそう

虚実篇❹

書き下し文

之を策り得失の計を知り、これを作して動静の理を知り、これを形して死生の地を知り、これを角して有余不足の処を知る

原文の翻訳

分析して、どうすれば敵が成功し、敵が失敗するのか、そのしくみを知る。挑発して、どのように行動し、静止するのか、そのパターンを知る。陽動して、どこが危険で、どこが安全なのか、その地の利を知る。試しに攻撃して、どこに余裕があり不足があるのか、その状況を知る。

攻略するには相手を知ること

どんな物事においても、攻略しようとする前にその物事の特徴を知っておいたほうがスムーズに対応できます。同じように、人が相手でも、その人を攻略するためには**その人のことを知っているほうが得策**です。

情報を得るときは「その情報が必要かどうか」ということはとくに重要ではありません。どんな情報でも、知っていれば何かの役に立つかもしれないからです。

このシーンに注目！

孫課長は、人事部の部長がイライラしている理由をなぜか知っています。

情報網を得るには視野を広くもつことも大切よ！

情報を探る素振りを見せない

ただし、情報はさりげなく入手すること。探っていることが相手にバレてしまうと、警戒されてしまいます。

会社には人がたくさんいますし、どこにどんな敵が潜んでいるかわかりません。人から警戒されずに情報を得るためには孫課長のように、あらゆる情報がいつでもどこからでも入ってくるよう、常に情報網を張りめぐらせておくことが大切なのです。

探りを入れる4つの方法

相手にあやしまれないように探りを入れるには、以下の4つの方法があります。

① **推測する** 相手になったつもりで想像してみる

自分の企画が通ったら…？

② **挑発する** 相手に怒らせて反応を見る

ムカ
おまえにいい企画が思いつくはずないよ

③ **陽動する** 注意を引くような行動をしかけてみる

④ **挑戦する** 攻撃をしかけて様子をうかがう

どっちの企画が通るか勝負してみないか？

しなやかになろう

虚実篇⑤

書き下し文

夫(そ)れ兵形(へいけい)は水(みず)に象(かたど)る

原文の翻訳

軍隊の理想的なありようは、水みたいなものだ

水のようなとらえにくさ

指の間から流れ落ちていく水は、とらえどころのないもの。定まった形をもたない水は、状況に応じて形を変えていきます。四角い容器に入れれば四角く、丸い容器に入れれば丸くなります。孫子の兵法では軍隊の理想的なあり方を、そんな水に例えて説いています。

とらえどころがない人は、行動に予測がつかないため、相手に出し抜かれにくくなります。

突然マサルの背後に現れる行動も、孫課長の

うわっ課長！

ザッ

おはよ

このシーンに注目！

マサルの背後に突然現れる孫課長。仕事では課長としての威厳のある態度も示しながら、さまざまな顔をもっています。

孫課長は、ギャップも素敵だけど本当に何を考えているのかわからないわ

とらえどころのなさを表しています。戦いの場面でなくとも、普段からそのような行動を意識しているのかもしれません。

臨機応変にこなしていく

孫課長は、愛子に薄井の評価を伝えることで、薄井の出世を実現させました（▼P.136）。孫課長にとってみれば、一緒に働く薄井の立場がよくなれば、自分の仕事もやりやすくなります。そのために愛子を利用したのです。

古賀が失敗したときには、その応援をしました（▼P.146）。これも、地方の出張時に頼りになる人材を味方につけておくという目的を果たすための策略だったのかもしれません。

このように、孫課長は様々な方法で、強力なサポーターを増やしていきます。状況に応じて最適な処置をとれる体制をつくっていくことは、物事をうまくやるコツでもあります。

水のように柔軟であれ

臨機応変であることは、軍隊のあり方としても重要なものだと孫子の兵法では教えています。その理由は次の2つです。

相手に出し抜かれない

行動がパターン化されていると、相手に行動が読めてしまうので、まんまと相手の策略にはまってしまいます。

行き詰まることがない

その都度、臨機応変に対応することができれば、予想外のことが起きても慌てることはなく、そのせいで集団が乱れることもありません。

失敗を糧にしよう

軍争篇❶

書き下し文

軍争の難きは、迂を以って直と為し、患を以って利と為す

原文の翻訳

軍争が難しいのは、遠回りを近道とし、わずらいを有利とする点だ。

遠回りを近道に変える

孫子の教えに「**迂直の計**」というものがあります。迂回して、遠回りしているように見せかけて、実は先回りしているという戦術です。駆け引きで「**戦いの先手を打つためには、遠回りを近道に変える術が必要だ**」と孫子はいいます。まさに急がば回れです。

ポジティブな発想

これを仕事に置き換えるとどうなるでしょう。「営業成績を伸ばすという目標を立てた。その目標に向かってがんばっていたのに、失敗してしまった」。これは一見、最短ルートから外れたように見えます。

古賀も大きなミスをして落ち込みました。しかしこれに対して孫課長は、「古賀は有望だ」と言い、「失敗したからこそ起死回生が可能になる」という、ポジティブな考え方を示しました。

実際、その後の古賀は、営業成績がトップになります。結果的に、誰よりも先に目標をクリアしたのです。遠回りが見事に近道に変わりま

した。
孫課長のアドバイスあってこその起死回生でしたが、古賀自身も自らを奮い立たせ、努力を続けた結果でしょう。

大きなミスをして落ち込んでいた古賀は、孫課長に起死回生のチャンスがあると声をかけられ、頑張る気持ちを取り戻しました。

ポジティブな言葉を口にしよう

「どうせできない」など、ネガティブな言葉は気分をさらに落ち込ませます。口癖になっている人は、直しましょう。ここでポジティブな言葉の例を紹介します。

声に出してみる

「自分ならできる!」「大丈夫!」などと声に出して言ってみましょう。

思っていなくても、まずは言ってみること。「どうせできない」とつぶやくよりも、「できる!」と何度も口にすることで、本当にできそうな気持ちになってくるものです。

バックアップにも気を配ろう

軍争篇❷

書き下し文

軍争（ぐんそう）は利（り）となり、軍争（ぐんそう）は危（き）となる

原文の翻訳

軍争は利益にもなり、軍争は危険にもなる。

背後にも気を付ける

戦争や交渉などで、目の前にいる敵との駆け引きに集中して、がむしゃらに頑張っていたが、気付くと、後ろには味方が誰もついてきていなかった。こうなったら終わりです。

ことわざにも「腹が減っては戦はできぬ」とありますが、バックアップがなければ戦い続けることはできません。

そこで必要となるのが、**物事をスムーズに行える環境を整えること**です。それができてこそ、

このシーンに注目！

九州では、現地の営業部所属の古賀にガイドを任せてしまいます。手間も省け、段取りもスムーズ！

駆け引きもうまくいきます。

スムーズに進める秘訣

孫課長は仲間をつくるのが上手です。今回も愛子の手を借りるなどしてスムーズに目的を達成しています（▼P.136）。

また、頭のなかに全体像を思い描けているのでしょう。だからこそ人間関係が複雑でも、上手に調整して、全体をうまくおさめるように仕向けることができるのです。

さらに、今回の九州出張にあたっては、現地のことに詳しい古賀に任せきりです。「餅は餅屋」というように、詳しい人に頼れるのなら、頼ったほうが物事はスムーズにいくものです。

孫課長に古賀がついているように、頼りになるパートナーがバックについているからこそ、難しい仕事もうまくいくわけです。

物事をスムーズに進めるコツ

仕事を早く、スムーズに、要領よく進めるためのコツを知っておきましょう。

仲間を増やす

大変なときに手伝ってくれる仲間や、頼れる仲間をもつとよい

詳しい人に教わる

不得意分野は詳しい人に聞き、頼ってしまったほうが早い

全体を把握する

仕事のボリュームや全体量を知ることで、段取りや進め方が見えてくる

軍争篇❸

たくみに立ち回ろう

書き下し文

兵は詐を以って立ち、利を以って動き、分合を以って変を為す者なり

原文の翻訳

戦争は、うまく相手をだますことによって成り立つ。こちらが有利だと判断することによって行動する。分散したり、集合したりすることによって戦い方に無限の変化を出す。

風林火山の教え

孫子の兵法で有名な教えといえば、「**風林火山**」の教えかもしれません。戦国武将の武田信玄が旗印にした、あの名言です。学校で日本史を学んだ人なら、孫子の兵法は知らなくても、風林火山なら知っているのではないでしょうか。

風林火山は、駆け引きのコツです。「急ぐ場面では、風のように急ぐ。あわてないほうがよい場面では、林のようにひっそりとする。攻撃する場面では、火のように激しくする。自陣を

このシーンに注目！

―1店舗目―

古賀は、営業先によって対応を変えながら、複数の得意先と良好な関係を築いています。

風林火山は
現代のビジネス社会にも
伝承され続ける
勝利を導く教えだよ

くずさないほうがよい場面では、山のように動かない」という意味で、「**場面に応じて最適なことをするのが最善だ**」という教えです。

相手に合わせて対応を変える

古賀は営業先で場面に応じて最適な対応を選ぶように心がけています。孫子の兵法（軍形篇）にも、一「**敵を欺く**」、二「**有利になったら動く**」、三「**変幻自在に立ち回る**」という教えがあります。

古賀はマサルと孫課長を連れて、数か所の得意先を回ります。得意先のそれぞれの担当者の人柄や考え方を把握していて、それぞれに対応を変えました。ときには相談相手のように親しく、ときには毅然とした態度で、ときには下手に出て顔を立てるといったように。

普段から古賀がそういった対応をしていることがわかっていたので、孫課長は案内を完全に古賀に委ねていたのです。

謝罪も駆け引きのひとつと考えよ

古賀は起死回生に成功したわけですが、その背後には孫課長のアドバイスがありました。どんな策略だったのでしょうか。

① **敵（相手）を欺く**

嘘でも何でもいいからとにかく哀れなくらい必死になって謝罪する

↓

② **有利になったら動く**

同情を誘い、謝罪に有利な状況をつくっていく

↓

③ **変幻自在に立ち回る**

みんなの同情を利用して許しを得ることに成功する

惨めに思われるくらいとにかくひたすら謝れ！

虚勢を張ってみせよう

軍争篇④

書き下し文

夜戦には火鼓を多くし、昼戦には旌旗を多くするは、人の耳目を変ずる所以なり

原文の翻訳

夜に戦うときには火や太鼓を多くし、昼に戦うときには旗や手旗を多くするのは、敵の耳目を惑わすからだ。

人は見かけに弱い

人は見かけで判断しやすいもの。いくら発言が素晴らしくても、服装や髪形がみすぼらしければ相手にすらしてもらえないこともあります。ビジネスでも見た目は重要。たとえば、プレゼンを成功させたいなら、ビジュアルを多用し、わかりやすい資料をつくることが大切です。

マサルがこのことを理解したうえで行動したかどうかは定かではありませんが、目上である企画開発部の室長に対して、堂々とした態度で言い返します。まっすぐに目を見て語る若いマサルの勢いに、室長も内心驚いたことでしょう。その態度を室長に気に入られたことから、見た目で印象づけることの大切さがわかります。

このように視覚で与える印象というのは相手をコントロールするために大切な要素です。見た目のイメージをうまく利用すれば、より簡単に心を操り、成功することができるのです。

見かけを利用して勝つ

秦代の末期、反乱軍を率いていた劉邦は、敵

の城を攻めることになりました。このとき軍師の張良（ちょうりょう）は、近くの山に多くの軍旗を立てるようにアドバイスします。大軍に見せかけるためです。

たくさんの軍旗を見た敵は、まんまとだまされました。勝ち目がないと思い、あっさりと降伏してしまったのです。

何言ってるんですか！
その確かな技術をわかりやすくアピールしなくてはいけないんです！
このシーンに注目！

室長にむかって言い返すマサル。まっすぐな気持ちが室長の心に届いたようです。

大物と見せかけよ

態度ひとつでまわりへの印象を変えてしまうこともできます。堂々とした態度をとることには、どんなメリットがあるのでしょうか。

無理はやめよう

書き下し文

正々の旗を邀えることなく、堂々の陣を撃つ勿れ

軍争篇❺

原文の翻訳

隊列に秩序のある軍隊を迎え撃ってはいけないし、布陣が堂々とした軍隊に攻めかかってはいけない。

心身の状態をよくする

孫子の兵法（軍争篇）によると、心身のコンディションを整えることも戦いに大切なポイントです。

精神的には**気**を治め、**心**を治めます。つまり意欲を高め、落ち着きを保ちます。孫課長は、ダメそうに見えながら、仕事に対して意欲的ですし、どんなときも落ち着いています。

肉体的には**力**を治め、**変**を治めます。つまり、健康に気をつけ、無理をしないことです。

無理をしない

九州出張に向け、マサルは移動手段を調べたり、食事のお店を見つけようとしたり、熱心に頑張ろうとします。しかし、孫課長はマサルに「古賀に任せればいい」と言います。すべてを古賀に丸投げしてしまい、自分は無理をせず、無駄な労力を費やさないというスタンスです。

ビジネスでも、無理をしない姿勢が成功をおさめるときがあります。

たとえば、数年がかりの商談で、ようやく契

約にこぎつけそうなとき、相手が大きな譲歩を迫ってきたとします。ここで破断すれば、これまでの努力が水の泡となってしまう場面です。しかし、無理して譲歩をして、後で苦労することになるなら、「譲れない」という意思を明確に伝える判断も必要でしょう。

自ら（自陣）の限界をしっかりと見定め、無理をしない範囲で戦う人のほうが、結果的に勝利を収めるのです。

地元に詳しい古賀に案内を任せたほうが効率的。楽できるときには楽をするのが孫課長のやり方です。

メンタルとフィジカルを強化せよ

いざというときに備えて、心と体をいつも万全の状態にしておくことも大切です。ビジネスでもスポーツでも、強さの基本は、健康でタフな心と体です。

フィジカル

少しのことでは倒れない強い体をもっている人は、仕事への集中力を長く維持することが可能です。いざというときの馬力が必要なときも対応できます。

フィジカルの主な要素

- 健康
- スタミナ
- バイタリティ

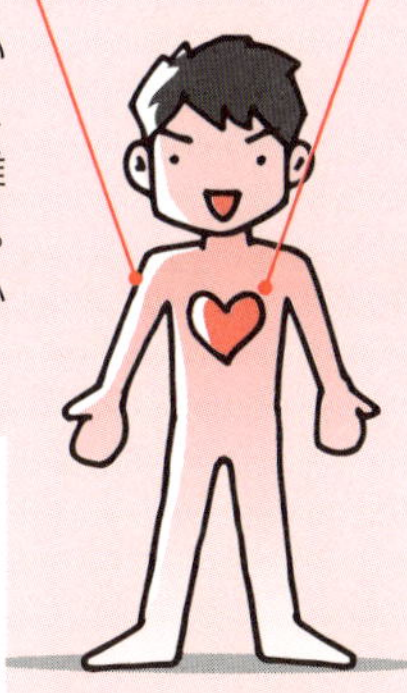

メンタル

強い精神力をもっていれば、失敗やトラブルが起こっても、冷静に判断し、いつまでもくよくよすることもありません。前向きな心をもち続けることができます。

メンタルの主な要素

- 高いモチベーション
- 冷静さ
- ポジティブ思考

社内政治に勝つ

社内での人脈づくり 実践テク

他部署や、地方の営業部の社員にまで顔が広い孫課長。
自分をサポートしてくれる味方を増やすには、日ごろの行動がカギとなります。

レベル 1

困っている人を助けよう

コピー機の操作で手間取っている人、仕事で悩んでいる社員、社内で困っている人を見かけたら、声をかけて助けてあげましょう。日ごろこうしたことをしておけば、顔を覚えられる機会にもなり、自然と味方が増えていくものです。

レベル 2

秘書には社長以上に丁寧に

人の本性は、気を抜いたときに出るものです。顔を売るために社長や重役にいい顔をするのは当然のこと。慎重に接すべきは、実はその隣で目を光らせている、秘書なのです。これは社外でも同じ。受付や秘書への対応には気を配りましょう。

レベル 3

部下・後輩を売り込もう

リーダーの任務のひとつとして、部下の昇格を課題にしましょう。部下を昇格させられる影響力をもっていることを、社内にアピールするためです。売り込みは人事関係者にさりげなく行うことがコツ。部下の名を相手の記憶に残せれば勝ちです。

4章 孫課長の部長詣で
～上司・部下の攻略～

営業三課
しゃべった 293
フォロー 544
フォロワー 1758
しゃべった 返信
○○電機営業三課
@sanka-maruden
○○電機営業三課@sanka-maruden
今日も一日よろしくお願いします
カタ
カタ
PC
カタ
おい
会議の時間だぞ
何遊んでるんだ
SNSなんて仕事中にやるなよ
Shabetter
いや…あの…
オレが頼んだんだ
SNSでの情報収集は
若者のほうが使いこなしてるだろうと思って
ぬっ
うおっ
はい！
ふーん
九変篇❶▶P.178

先 行ってるぞ
しゃべった 返信
TG
楽しいゲーム@tanoshi-game
@sanka-maruden よかったら今度のイベントで、その洗濯機を展示しませんか？
#洗濯機 #TGF
会議室 C
結局前年に届かず
目標の8割しか達成できてない！
不景気で買い控えが続いているのはわかっているがそれは他社も同じだ
営業部長

危機感が足りない！
とにかく今までのやり方では全然ダメだ
何か新しいことを考えろ！
新しいって何だよ
そんな簡単に言われてもなぁ
どうでしょうか？
うんおもしろそうだ新しいし…
パラ…
まぁあの部長は一筋縄ではいかないだろうけど…

オレの一存じゃ予算は出せない
部長に話をしてみよう
はい！
何の話ですか？
予算とかなんとか…

なんかねネットでうちの新製品の洗濯機が話題になってるんだって
なんで洗濯機が？
ゲームに出てくるキャラクターに似てるらしいんです！
洗濯機
ゲームのキャラ

それで今度ゲームメーカーのイベントに参加しないかって誘われたんです
たしかに似てる
若い子たちがうちの製品に関心をもつのはいいことですよね
部長も新しいことがしたいって言ってたし
おもしろがってくれるかも

部長室
部長室
はぁ!? 何言ってるんだ!
びくっ
そんなのダメに決まってるだろ!
なんだ洗濯機がロボットに似てるって
そんなんで売れるのか!?
いえ…あの…イメージ戦略で…
若年層へアピールを…
しどろ
もどろ
ダメだ!
そんなものに予算は出せない!

…で結局
新製品の発表会は
オリジナルグッズの
懸賞付き
キャンペーン？
それじゃ
今までと
変わらない
じゃない
まぁゲームイベントの
参加はキャンペーンの
代わりじゃないけどね
でももったい
ないよね
頭が固い
部長には
理解できないん
じゃないの？
それがさ…
オレもそう思ったん
だけど課長が…
頭が固いのは
メリット
でもある
部長の慎重な判断で
いつも確実な結果を
出せているんだから
そうです
かね～
SNSとか
理解できないから
反対してる
だけじゃないいん
ですか
九変篇❷▶P.180

まあ今の三課は立場が弱いから
数字が悪いのは事実だしね
地形篇❶▶P.184
しょぼん…
明日から得意先回りを強化するぞ~
はーい
はい
はい
新川！イベント参加の返事まだ断るなよ
え？
大丈夫
やり方を変えればなんとかなるから
そう気を落とすな
ぽん
地形篇❹▶P.190

ただいま
戻りました～
ふら～
ゼェ
ハァ
おつかれー
いない…
もしかして
また？
部長の
ところへ
行ってます
ここのところ
よく行ってる
よね？
何かあった？
…さあ
所せん
課長もそう
だったって
ことじゃ
ないの？
そうって？
取り入って
るんでしょ
出世のため
にさ

あの
課長が？
そう
あの課長が

そう
でしょうか？
今までの実績も
あるけど
自分のことより
チームを大事に
するから
下からの評価が
高い人だって
聞いてます

だから それが部長に通じないから取り入り始めたんじゃないの？
昨日部長に言われたように話を通しておきました
ん

来月のビックリカメラの新店舗協賛フェアの価格です
ああ

よろしくお願いします
わかった
ポン

今まで わりと上を気にしないで自己判断で突き進んできた感じだったのに
出世とか保身とか眼中にない感じ？

たぶん僕のせいじゃないでしょうか

課長はまだ僕が提案したイベントを実現させるつもりみたいですから
え!?
ロボットに似てるから洗濯機を展示するってバカバカしい話!?

いや〜それに関しては部長の判断も当然だと思うし
課長もこれ以上は考えてないでしょ
そう!
だから課長は絶対に出世目的!

ありえない!
孫課長にかぎって出世に目がくらむなんてありえない!
ダーン!!

出世を考えないサラリーマンなんていないよ

おまえは課長を美化しすぎ
そんなことないわよ
少なくとも取り入って出世しようなんて考える人じゃない!
絶対何か別の考えがあるのよ
買いかぶりだって
どんなことが起こるのか楽しみ!
孫武にカンパイ!!
人の話を聞けー!

がぶーっ
わーー!
飲みすぎ!

オレ送らないからな!

ペコッ
うーん…
やったな
新川！
わい
わい
すごい
すごい
どうしたん
ですか？
新川が
新規契約
決めて
きたんだ
ってことはもしかして
オレ　今月こいつに
負けてるの？
わい
わい
オレたちも
負けて
られないな

チームの和さえ
まとまっていれば
何事も
強くなれる
オレも
あいつらのために
頑張らないとな
地形篇❷▶P.186
ご苦労
少しは上向きに
なりつつある
みたいだな
はい
部長の
おっしゃるように
地道に足を使って
回らせてます
これは…
新川の
仕事です
彼の地道な売り込みで
新しい販路が開きました
新川？
新入社員
です
例のゲーム関連の
イベントに
洗濯機を
展示したいと
言っていた

部長なら〝シャベッター〟をご存知だと思います
ユーザーの年齢層は限定されてますが
その分親密度が高くて影響力もそれなりにあります
Shabetter
#洗濯機
ゃべり
すべてのしゃべり
アカウント

ちょっとしたことで炎上騒ぎになって社会問題になったりしているじゃないか
ただのバイト君@baitokun
やべえ今芸能人の○○が店に来た！△△と一緒に付き合ってる？？
@baitokun
プライバシー
この店員、守
我が社はもともとお堅いイメージがあります
その我が社が若者の流行にのるのはインパクトが大きいですし
すぐに行動できるくらいフットワークが軽い会社というイメージも生まれます
そういう危険性があるなか
新川はすごく頑張って運営してます
カタ
カタ

ふーん…

やはり部長は保守的か…

うまくコントロールすれば思った通りに動いてくれるかもな

コツ…
ザザッ
どうしたんですかこれ？
こんなものも自販機で売ってるなんてすごいよね
こんなことするなんて何か話があるんでしょ？
今日はイタリアンな気分かな～
中華料理
四面楚歌

イタリアンじゃない！
中華の店しか知らないもん
も～！

ぱくっ
でもおいしい！

からっ
へえ～
部長が元は開発部？
まあそんなに長くいたわけじゃないらしいけどね

AV関係に力を入れてたって聞いたけど
それで最近機嫌が悪いのか
AV事業部がどんどん縮小されてきてるもんなぁ
なるほどねそれは考えられるかも

それで？
部長を説得しようとしているけれどいまいち決定打がない
私から情報を聞き出してもう少しやり方を変えようってところかしら？
九変篇③▶P.182
ギク
なんのことかな？
とぼけてもダメですよ
フフ
ぱくっ
後日
カチ
カチ
楽しいゲーム@tanoshi-game　2時間前
今週末はいよいよ東京ゲームマーケットです！　弊社のブースにもぜひお越し下さい！
#TGM
洗濯スキルbot@osentaku-bot　3時間前
仕事熱心なのはいいけど休むときはきちんと休めよ
あすいません
今日はこのあと出てしまうのでこの時間しかアクセスできなくて
ぽこっ
PC

イベントの視察?
はい…でも
オレも一緒に行っていいか?
え?
先日 例のイベントに行って先方の話を聞いてきました
部長室
その話はもう…
けっこう規模が大きいイベントなんですが
調べてみるとなかなかおもしろそうなんです
…
今回うちは冗談のようなことで参加を打診されましたが
会場内の〝AVシステム〟とか将来的に我が社に有益なこともありそうなんです
ただ私では詳しいことがわからないので
AV機器に強い部長ならおわかりになるんじゃないかと
地形篇⑤▶P.192

部長から次回のイベント参加のお許しが出たぞ
えぇっ!?
あとはやれるな?
パサッ
企画書
は、はい!
もしかしてOKの返事をもらうために部長詣でをしてたんですか?
そうだよ
部下が考えたおもしろい企画のためなら努力は惜しまないさ
地形篇❸▶P.188
みんながよくやってくれているから困難を乗り越えていける
みんなには感謝しているよ

居酒屋
二十五時
宴会承ります

利子が言うように
課長は
自分のためより
みんなのため
って感じかな
ほらね！

はぁ〜…

社員通用口
お疲れ〜
あら

例の仕事が
片付いたから今晩
お礼してもいいかな

今日はエスニックな
気分かな

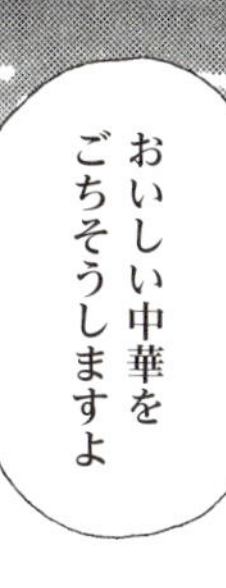
おいしい中華を
ごちそうしますよ

状況に応じてやり方を変えよう

九変篇❶

書き下し文

兵を治めて、九変の術を知らざるは、五利を知ると雖も、人の用を得る能わず

原文の翻訳

兵士を管理するにあたり、九変の術を知らないなら、五利を知っていても、人材を有効に活用できない。

人材をうまく活用する

孫子の兵法「九変篇」の基本は、**九変**と**五利**にあります。九変とは、状況に応じて臨機応変にやり方を変えることです。五利とは、融通を利かせることです。

いくら地形がわかっていても状況にそぐわないことをすれば**地の利**（▼P.184）を得られないし、何の得にもなりません。同様に、有能な人材がいてもうまく使わなければその力は発揮されません。

SNS全盛の時代、SNS活用が利益を生むとわかっていても、SNSの得意な人をうまく活用できなければ、チャンスを逃す結果に終わってしまうのです。

九変による人材活用

孫課長はSNSによる情報収集を、若い新川に任せています。周囲は心配しますが、孫課長は若い世代のほうがSNSを使いこなせると考え、新川に期待しています。

このように柔軟に適材適所をはかることは、

リーダーが部下に仕事を割り振るときに、意識すべき大切なことです。

部下の得意不得意を尊重し、適切な仕事の割り振りをするのもリーダーの務めです。

人材をうまく活用せよ

適した仕事を、適した人に割り振れば、全員の仕事の効率が上がります。

Aくんは数値管理を!

発想力が豊かなB

Bくんは企画のアイデアを!

敵材適所で効率アップ

人に得意不得意があるのは当たり前のこと。複数の人がいる場合、その分野に強い人に任せたほうが格段に作業効率がよくなります。

仕事を割り振られたほうも、得意分野を活かせることでやる気がアップし、仕事がうまく回ります。

よい面と悪い面を見よう

九変篇❷

書き下し文

知者（ちしゃ）の慮（おもんぱか）りは、必（かなら）ず利害（りがい）に雑（まじ）う

原文の翻訳

智者が考えるときは、必ず利害の両方について考える。

物事を両面から見る

何事にも、プラス面とマイナス面があり、よいことと悪いことは、常に背中合わせです。「**物事を判断するときは、必ず利害両面を合わせて熟考するものだ**」という孫子の教えがあります。

ゲームメーカーのイベントに洗濯機を出展することに、営業部長が反対します。これに対し、マサルたち営業三課の面々は「頭が固い」の悪評で一致しそうになります。しかしここで孫課長が、頭が固いことのメリットを説きました。

部長の頭が固いところは長所でもあると、孫課長はマサルたちをたしなめます。

マサルたちは、慎重に仕事を進めることの重要さを再認識したことでしょう。

プラスもあればマイナスもある

よい面と悪い面を両方見るということは、普段の生活でも大事なことといえます。計画が想像以上にうまくいった場合、単に浮かれるだけでなく、何かマイナス面はないだろうかと探ることが大切です。そうすることで、気付かなかった問題点が見えてきて、次の計画の質を高めることができます。

反対に、うまくいかなかったときも、プラス面を考えます。「失敗は成功のもと」というように、失敗したからこそ、成功するために必要なことがよくわかるようになります。次の成功につながることを見つけましょう。

何事も視点を変えて見ることが大切です。

視点を変えて価値を見よ

「長所は短所」。視点を180度変えることで見えることもあります。

頭が固い
→ メリットは？ 慎重・安定・真面目・確実
→ デメリットは？ 意地っ張り・融通が利かない

気が強い
→ メリットは？ 意見がはっきり言える・負けず嫌い
→ デメリットは？ 攻撃的・もめごとになりやすい

口がうまい
→ メリットは？ 話上手・雄弁・交渉上手
→ デメリットは？ 調子よく思われがち・八方美人

性格に応じて変えよう

九変篇③

書き下し文

将に五危あり

原文の翻訳

将軍の性格には5つの危険なタイプがある。

ケースバイケースでやっていく

「**やり方を変えれば、なんとかなる**」これが孫子の兵法（九変篇）のポイントです。

押してダメなら、引いてみる。やり方を変えれば、意外にうまくいくことがあります。ビジネスの現場でも、常識や原則に固執せず、ケースバイケースで柔軟に対処したほうがうまくいくことが多々あります。

これは性格にも応用できます。孫課長は部長の性格を分析し、対応の仕方を練り直しました。そして保守的ではあっても、仕事に熱心な性格に注目し、部長にとって思い入れのある分野からアプローチして、説得に成功しています。

孫子の攻略法をうまく応用

孫子は、人の性格を「**必死・必生・忿速・廉潔・愛民**」の5つに分け、その攻略法を具体的に述べています。人間の性格は多種多様ですが、そのなかでも特にこの5つのタイプが敗因になりやすいから気をつけなさい、ということです。

逆に言えば、相手がこの5つのタイプのどれかにあてはまるなら、手玉にとりやすいということでもあります。
交渉や商談の際、相手がどの性格に近いかを考えてみるのもよいかもしれません。

性格に応じて、やり方を変えていく。そうした孫課長のやり方を、愛子は見抜いていたようです。

性格は十人十色！
だから、人によって切りくずし方を変えていかなければいけないんだ

5つの性格別　攻略法

人をコントロールするためには、相手の性格に応じてやり方を変えること。孫子の兵法では、その例として次の5つのパターンを説いています。現代社会の人間感情は複雑なため、孫子が説くような単純な対処ではそのまま使っても成功しないかもしれませんが、参考にしてみましょう。

- 必死（ひっし）（保守的）→ 自分でチャレンジしないから、こちらの言いなりにさせるといい
- 必生（ひっしょう）（怒りっぽい）→ すぐにカッとなるから、からかって怒らせるといい
- 忿速（ふんそく）（まじめ）→ 笑いものにされるのを嫌がるから、恥ずかしがらせるといい
- 廉潔（れんけつ）（やさしい）→ 人がいいから、面倒くさいことを頼むといい
- 愛民（あいみん）（情熱的）→ 後先のこと考えないから、挑発するといい

自分の立場を把握しよう

書き下し文

地形に、通ずる者あり、挂ける者あり、支える者あり、隘き者あり、険しき者あり、遠き者あり

地形篇❶

原文の翻訳

地形には、通じたもの、引っ掛けられるもの、支えられたもの、狭いもの、険しいもの、遠いものがある。

6つの地形による攻め方

孫子の兵法「地形篇」では、まず地形について解説しています。「どこ」で戦うのか。地形を知ることは重要です。なぜなら、地形を知らなければ、**地の利**※を得られないからです。

具体的には、敵もこちらも攻めやすい正面対決なら、見晴らしのよいところで待つ（**通形**）。攻めやすいが退きにくいところなら、行くな（**掛形**）。危ないところなら、敵に攻めて来させてこちらは攻めて行かない（**支形**）。狭いと

このシーンに注目！

まあ
今の三課は
立場が弱いから

数字が
悪いのは
事実だしね

孫課長は営業三課の立場が弱いことをわきまえて、発言をひかえます。

※地の利…土地の位置や形状が、物事をするのに有利にできていること。

ころなら、先に行って奪ってしまう（**隘形**）。攻めにくいところは、先に奪って敵を待ち受け、先に奪われたら攻めない（**険形**）。遠いところならあえて攻めに行かないほうがよい（**遠形**）という6つの地形に分けて説明しています。

立場を客観視して行動を決める

ビジネスの世界でも、自分が「どこ」にいるのか、すなわち自分の立場を知ることは重要です。孫課長は、「三課の実績は悪いから立場的に弱い」として、部長との議論を回避しました。

やり合おうと思えば、やり合えるでしょう。しかし、実績についてつっ込まれたら何も言えなくなります。つまり、部長に立ち向かって行くと不利になるだけです。ですから、とりあえず、攻めないことにしたわけです。

何事もそうですが、孫課長のように立場を客観視して、冷静に行動することが大切です。

立場を見極めて立ち回ろう

孫子の教え（地形篇）では、敵に対して自分が置かれている状況を6つのタイプに分け、それぞれの場合での戦い方を説いています。

通形（つうけい）	掛形（かけい）	支形（しけい）
正面対決なら、鋭気を養っておくこと	攻めやすいけど退きにくいところにいたら、動かないほうがいい	お互いに有利な場所にいたら、自分からは攻め込まないほうがいい

隘形（あいけい）	険形（けんけい）	遠形（えんけい）
狭き門を争う戦いなら、力をつけてその座を奪うこと	複数と競い合う戦いなら、先に突破して優位にたつこと	敵と遠くにいたら、むやみに戦いをしないほうがいい

人の和を保とう

地形篇❷

書き下し文

兵に、走る者あり、弛む者あり、陥る者あり、崩るる者あり、乱るる者あり、北ぐる者あり

原文の翻訳

兵士には、潰走するものがあり、弛緩するものがあり、陥落するものがあり、崩壊するものがあり、混乱するものがあり、敗北するものがある。

地の利は人の和に如かず

いくら有利な状況でも、軍隊がまとまっていなければ勝算は減ります。いくら堅固な要塞に立てこもっていても、けんかばかりしていては、まともに戦えなくなります。結果として、要塞は陥落するでしょう。

孫子には軍隊に不和が生じる原因は、すべて将軍（上司）にあると述べられています。将軍のリーダーシップが不十分だからこそ、和が乱れてしまうのです。

個人を成長させ集団をまとめる

孫課長は、チームの和が大切であることをわかっています。そのうえで、自分も頑張らなくては、と気を引き締めました。

孫子の兵法では、不和には6つのタイプがあるとしています。「**逃走・陥没・崩壊・混乱・敗北**」の6つです。

リーダーは、この6つを指導時のポイントとして、留意する必要があるでしょう。メンバーの成長を促すのがリーダーの務めです。

これまでの孫課長のコントロールによって、営業三課の団結力が上がってきています。そんな部下たちの成長を、リーダーとしてあたたかく見守ります。

集団を乱す6つのこと

集団をまとめあげ、個々の成長を導くのがリーダーの務めです。ここでは孫子が説いている、リーダーが注意すべき指導時のポイントを6つ紹介します。

逃走

恐れて逃げてしまうかもしれないので、強すぎる敵と無理に争わせないこと。

弛緩

メンバーを放任しすぎないこと。緊張感が失われてしまう。

陥没

メンバーを管理しすぎないこと。自分らしさを発揮することができなくなってしまう。

崩壊

仲違いを起こしてしまうかもしれないので、決まった誰かをひいきしないこと。

混乱

軸がぶれない強さをもつこと。優柔不断では、メンバーも不安になってしまう。

敗北

計画を練って指導すること。思いつきの指導では、うまくいかない。

みんなのためになることをしよう

書き下し文

進んで名を求めず、退きて罪を避けず、唯だ民は是れを保ち、而して主を利す。国の宝なり

地形篇❸

原文の翻訳

（武将は）進軍すべきときに進軍して、有名になることを考えない。退却すべきときに退却して、処罰されることを恐れない。とにかく人民は保護して、利益が君主にもたらされるようにする。まさに国の宝だ。

国の宝といえる武将

「部下が考えたおもしろい企画のためなら努力はおしまないさ」と、孫課長はさりげなく発言しています。「出世目あてで部長に取り入っているのでは」と、うわさするマサルたちをよそに、孫課長は数日間、課員の企画のために動いていたのです。

「**武将たる者、有名になることを考えず、処罰されることを恐れず、民を守り、主を利することを目指すべき**」と、孫子は説きます。「主を利す」とは、君主に利益をもたらすという意味です。ビジネスでいえば、会社に利益をもたらすことにあたります。孫子は、こうした武将を「国の宝」であるといっています。

真に頑張るべきこととは？

会社に入って頑張るということを「自分のスキルを研いてよい成績を上げること」と、とらえている人が多いかもしれません。しかし、成績がトップになることが、そのまま出世に結びつくとはかぎらないのです。

自分のことよりも、部下を守ってチームの責任を引き受ける。そして自分ではなくて会社に利益をもたらす。この2つの心構えこそが大切です。社員は、このことを目標として掲げたいものです。

自分のためより部下のために動く。孫課長のその姿勢に、マサルたちは感銘を受けたにちがいありません。

リーダーの2大使命

集団をまとめるリーダーを務めるからには、それに伴って課せられる、リーダーとしての責任を果たさなければなりません。孫子の教えでは、それこそが戦う目的だといいます。

部下を守る

どんなことがあっても部下を守り、何かあれば自らもその責任をとらなくてはなりません。

君主（会社）に利益をもたらす

現場のリーダーは、君主（会社）の利益になる結果を残さなくてはなりません。

部下をかわいがろう

地形篇④

書き下し文

卒(そつ)を視(み)ること、嬰児(えいじ)の如(ごと)し。故(ゆえ)に之(これ)と深谿(しんけい)に赴(おもむ)くべし

原文の翻訳

（将軍が）兵卒をいたいけな赤ちゃんのようにみるので、兵卒と苦楽を共にすることができる。

赤ん坊に対するように慈しむ

「**将軍は兵士に対し、単にかわいがるのではなく、自分の赤ん坊に対するように、慈(いつく)しみをもって親切に接しろ**」という教えです。

ビジネス社会でも同じです。自分の立てた企画を頭ごなしに否定された新川に対し、孫課長は、まだあきらめるなと励ましました。

こうすることによって新川は、自分が孫課長に理解され、信じられ、期待されていることを感じます。一度は落ち込んだ表情を見せました

企画を否定されて肩を落とす新川に、孫課長は優しく励ましの言葉をかけます。

が、再び意欲を取り戻しました。

親切心がリーダーシップの源泉

リーダーが部下に対して親切であれば、それは部下に伝わります。優れたリーダーほど、部下の面倒をよく見るものです。

これに関する中国史の例ですが、春秋時代、斉(さい)国の将軍に任命された田穣苴(でんじょうじょ)は、兵士の体調管理のため、食事や医療環境を整えることに力を尽くしました。将軍になったその日から、自分にもらった高い給料はすべて、兵士においしいものを食べさせるために使い、普段は自らも兵士と同じものを食べました。

3日後には、病気の兵士ですら「戦わせてください」と申し出るほど、田穰苴率いる斉軍の兵士の士気は高まっていました。それを聞いた敵軍は、勝ち目がないと判断して、退いたといいます。

部下の忠誠心を引き出せ

部下の協力を得られるリーダーは、強いチームをつくります。部下に心を開いてもらうには、部下をよく知ること。そして対等な立場で誠実に向き合うことが大切です。

リーダーのために頑張る部下を育てる

目をかけてくれる上司には、部下も懐(なつ)くもの。「この上司に認められたい」「この上司の力になりたい」と思うことが、原動力となるのです。部下の成長は自分次第。ただし、特別なひとりをひいきにせず、部下全員に対して平等な態度でいることも忘れないようにしましょう。

孫課長が、自分のために部長詣でをしてくれていたことを知り、新川は感銘を受けます。

現場の状況を知ろう

書き下し文

敵の撃つべきを知り、吾が卒の以って撃つべきを知りて、地形の以って戦うべきを知らざるは、勝ちの半ばなり

地形篇❺

原文の翻訳

こちらの兵卒が攻撃に役立つことをわかっていても、敵がこちらの勝ちやすい状態にないことをわかっていないなら、勝算は半分だ。

現場を知ってから戦う

「**いくら有利でも、地形（状況）がきちんと把握できていなければ勝ち目は五分五分だ**」という教えです。

ビジネスの現場でいえば、こちらの仕事の態勢が整っていて、なすべき課題や交渉相手のことなどがはっきりわかってはいても、市場や現場の状況が不明確であれば、仕事が成功するとはかぎらない、というわけです。

孫課長は、ゲームのイベント会場へ出向きま

このシーンに注目！

今回うちは冗談のようなことで参加を打診されましたが

会場内の〝AVシステム〟とか将来的に我が社に有益なこともありそうなんです

孫課長は会場の様子を自ら見に行き、その会場でイベントを行うことにメリットがあるかどうかを確認したうえで、部長を説得します。

した。自分の足で現地の状況を確認し、将来性のありそうな感触をしっかりとつかんだことにより、部長に自信をもって語ることができ、説得に成功できたのです。

地を知らずに進む軍は負ける

春秋時代、晋国が国を攻め、鄭国が使者・姚句耳を楚国に派遣し、楚軍に救援を求めたときのエピソードに、こんなものがあります。

姚句耳は楚軍の様子をうかがい、帰国後、こう言ったそうです。

「楚軍の勢いは進み方も速くすさまじい勢いでしたが、軍は土地の険しいところでも警戒しないで突き進むから、役に立ちません」。

楚軍は姚句耳の予想通り大敗してしまいます。土地を知らずに勢い任せで戦ったことが敗因となったのでしょう。

戦う前に知っておくべき4つのこと

孫子の兵法では敵よりも有利な立場に立つために知っておくべき4つのことを**「彼・己・天・地」**として紹介しています。

相手のこと・課題
相手の力や事情、弱点は何か。また課題の内容をしっかりと理解しているか。

タイミング
相手や自分の状況、まわりの状況を見て、実行していいときかどうか。

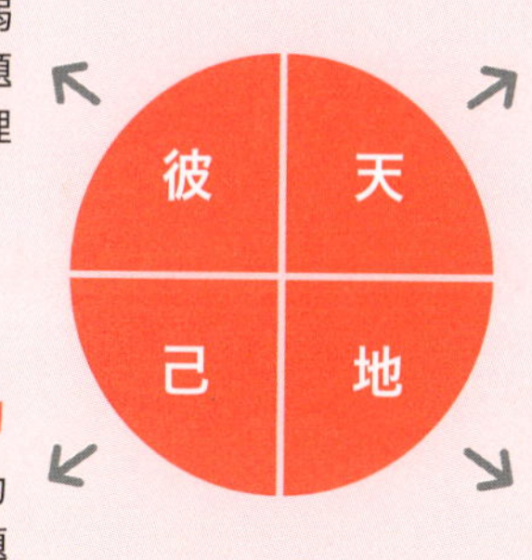

自分のこと・実力
自分の力や味方の力を把握し、敵や課題に対して戦えるかどうか。

場所・ポジション
現場、自分の立場、相手の立場を把握し、勝ちやすい状況かどうか。

社内政治に勝つ

上司・部下の攻略 実践テク

孫課長は、どんなことがあってもまわりに敵をつくりません。
上司・部下とも良好な人間関係を築くことは、出世への第一歩です。

定期的に報告・相談をしよう

上司でも部下でも、日ごろからコミュニケーションを密にしておけば、なんでも話してくれているという信頼関係が芽生えます。話せる範囲で、いいことも悪いことも伝えること。心を開けば多少のお願いも聞いてくれるようになり、話を通しやすくなります。

上司をクライアントだと思おう

理不尽な上司などに対し、どんなに頭に来ても言い返すのはNG。そういうときは上司をクライアントだと思いましょう。感情を捨て、上司と部下という役を演じるのです。上司を喜ばせてあげている、というくらいの気持ちでいきましょう。

上司の強みを利用しよう

どんな人にも何かしら「強み」はあるもの。嫌われている上司や、評価の低い上司がいたら、積極的に強みを探してみましょう。味方が少ない上司ほど力を貸してくれるでしょう。上司を味方につければ、さらに上層部へのルートが広がります。

5章 孫課長の下積み時代

～正しいライバル関係～

謀攻篇・軍形篇・兵勢篇

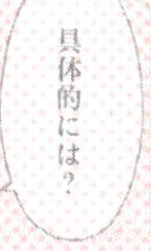

おはよう
おはよう
おはようございます！
おはよう
おはようございます
課長さんおはようございます
ご苦労さまお孫さんの保育園は見つかった？
それがねぇ～…
おい孫
あはい
課長ってすごいですよね～
仕事もできるし人望も厚い

課長のことを嫌う人なんていないいんじゃないでしょうか
あら いるわよ
あれ あなたは…
課長を嫌いな人がいるんですか？
正確にはいた・・かしらね
あ
うわさをすれば…

海外事業部　課長
米元
あれ
誰ですか？
海外事業部の
米元課長よ
昔　孫課長のことを
妬んでしつこいくらいに
足を引っぱろうと
していたの
それにしては
仲がよさそうに
見えますけど
ケラ
ケラ
そうね
今は仲がいい
わよ
数年前
○○電機
孫
（当時30歳）
米元
（当時30歳）
孫課長はそういう
ライバルに
負けない強さを
もってるのよ

孫！今月もこれでトップだな！
ありがとうございます！
次の家電フェアをおまえに任せるから新製品発表とか広報と打ち合わせに行ってくれ
広報と仕事ですか
ん？どうした？なにか不都合でもあるか？
あいえ
先月のプロジェクトの慰労会
顔付き合わせるのも仕事だぞ
飲み会？
ガー
ガー
おい孫
何で昨日飲み会来なかったんだよ
まあいいや次は来いよ
伊藤主任

スッ
身内どうしで
争いたくは
ないんだけどなぁ…
謀攻篇❶▶P.216
孫 女でも
出来たの
かな
オレ
見たんです
何？
オレたちと
付き合うよりも
大切なことが
あるみたい
ですよ
孫が
お偉いさんと
飲んでるの
へー
意外に野心家
なんだな
ポーン…
コツ…

ガチャ…
おはようございます
じっ…
あれ　もう始まってる…？
時間変更の連絡行ってなかったのか？
いえ
ちゃんと言ったでしょ
え…
いいから座れ
…

兵勢篇❶▶P.230
謀攻篇❷▶P.218

情報共有を強化すれば横のつながりも強化されて課もまとまるだろうって
バーンッ
誰だ！この価格を許したのは！
そうです
でも…
孫が担当だったな
一度聞かれたとき許可しなかったよな？
はい私も許可してません
じゃあなんでこの価格で広告が出てるんだ？

ほら
孫の署名がある
営業部
孫武
それいつの日付ですか？
パラ…
その日付で私は書類作成してません
パラ
パラ
ここに先方に渡したものは全部残してあります
ほら 私のほうにその日付はないですよね？
じゃあこの書類は？
その日 私は東北出張でしたそれで…
チラ…
私は届ければいいって聞いてて…
米元にフォローをお願いしてました
とにかく許可できない！
二人で頭下げてこい！

○○電機
!!
!!
バタ
バタ
はじめての Excel Word
別の日
あ やべ 追加伝票
届けておきましたよ

そうだ! 明日販売会議だった
今週の予定
日付 予定 場所
0月×日 13- 課内会ギ
0月△日 14- 販売会ギ
会議室はおさえておきました
ありがとう
課内会ギ
販売会ギ
軍形篇②▶P.226

ガラ…!
平成○年
平成○年
平成○年
資料
あれ? 片付いてる…

孫ってすごく気が利くよな
何かあったんですか？
私にできることはまだまだ事務処理くらいなんで
忙しいときは頼んでください
って言うんだ
トン トン
謀攻篇③▶P.220
伊藤さんにごますってるだけじゃないですか
この間も誰よりも上に行ってやるって言ってましたよ
そのうち化けの皮がはがれますよ
そんなわけないじゃないですか
ギクッ

で　話の続きですが

生き残るためにはまずは実力を蓄えてタイミングを見はからう必要があると思うんです

それができなきゃいずれ窓際に追いやられるかもしれないでしょ？

まぁ

まあ　確かに使えない社員は左遷対象になるな

米元は得意分野とか自分の強みとかあるの？

こいつ実は帰国子女なんだよ

知ってたか？

謀攻篇❹▶P.222

軍形篇❶▶P.224

はい これ
今度の新製品の計画書
ありがとう

当初の希望通り
4月納品で
いけそう
だってよ
お！
よかった

そういえば
エクセルの使い方で
わからないことがあって
ここ教えてくれない？
どれどれ
Excelの
基礎

あー
これは
こうすれば…
カチャ
カチャ

わー
すごい！
計算式入れれば
仕事がこんなに
早い！
ふん
4月納品が
本当は無理なことは
だまっておこう

○○電機
おい 孫！
これはどういうことだ！
バサッ
進行計画について
え…？
部品の確保ができないから4月納品は難しいと伝えてあったよな？
それなのになぜ先方は計画変更をしてないんだ
え でも 米元が…
オレは知ってましたよ
前に渡した計画書に明記されてたはずだ また伝達ミスか！

ふーーっ
おまえら二人がうまくいってないのはなんとなくわかっていたが
仕事に私情をもち込むほどバカだったとは…
社外向けニュースリリースも配信済みなのにどうするつもりだ
私は…！
課長
部品さえ確保できれば製品はつくれるんですよね？
何を言ってるんだ
世界的に不足していてどうにもならないんだよ
トン
トン
兵勢篇②▶P.232
これは今までのやり方をくつがえすチャンスかもしれないんです
!?
実は数日前のニュースを追っていたんですが
類似の部品をつくれそうな会社があって
パカッ

軍形篇❸▶P.228
兵勢篇❸▶P.234

お願いします！
米元と一緒に行かせてください
孫…
わかった そこまで言うなら二人で行ってこい！
はい！
語学の得意な米元に頼れば
今回は尻に火もついていることだし
きっと頑張って交渉を勝ち取ってくれるはずだ
で 伝説の逆転劇
しかも世界中で不足していた部品の確保ができたおかげで
他の製品も安定生産できて
他社を圧倒してその年のヒット商品になったんだって
20XX年 ヒット商品番付
東
西
1
2
3

ますます
かっこいい！
敵に塩を
送ったん
ですね！

フンフン

ちょっと
トイレ…

…ったく 何
興奮してるん
だか
それにしても課長は
米元さんをつぶそうと
思わなかったのかね

自分の感情は
さておき
米元さんを
守ったほうが
会社のためになると
考えたんじゃない？

敵にチャンスを
提供するなんて
まさに奇策だわ
結果として
会社も潤ったし
敵だった米元さんを
味方に変えることも
できた
よくやった！
はい！
ありがとう
ございます！

敵をつぶす
ことしか
思いつかない
マサルとは
大ちがいね
はぁ～

それより気になるのは
愛子さんが言ってた
話なんだけど
入社当時　孫課長は
パソコンどころか
携帯も満足に
使えなくて
独学でものすごく
勉強したのよ

あの孫課長が
そんなこと
あるわけ
ないじゃない！
実力を隠すために
使えないふりをして
いたんじゃないの？

何の
話です？
何でも
ないよ

孫課長が
かっこいいって
話よ
ねーっ
本当です
よね！

キャッ
キャッ

恨みを残さず戦おう

書き下し文

国を全うするを上と為し、国を破るは、これに次ぐ

謀攻篇❶

原文の翻訳

戦うことなく無傷のままで敵国を降伏させることが上等で、戦って敵国を降伏させるのは二番だ。

ダメージを少なくする

1章の作戦篇で紹介しましたが、戦争は多くのダメージをもたらします。多くのヒト・モノ・カネが失われるからです。

こうしたダメージについて孫子は「**自国のダメージが最小限になるように配慮するだけでなく、敵国のダメージも最小限になるように配慮せよ**」と説きます。

孫は、敵意を向けてくる米元に対して、争いを避けようと努力しています。無用な争いは負のスパイラルにつながるからです。

恨みの連鎖を断ち切る

明国皇帝の朱元璋は、天下統一を目指すにあたり、配下の武将に「住民を殺すな。今は敵国の住民でも、いずれは自国の住民になるのだから」と厳命しています。

力ずくで勝てば、どうしても恨みを買います。そうなれば決して味方にはなりません。表向きは従っていても、心のなかでは復讐心をくすぶらせています。こちらの力が弱まれば、すぐ

に裏切るでしょう。
　だからこそ「将来的に味方にする」という前提で、今の戦い方を決める必要があります。孫は、米元との関係改善を図り、最終的に米元から感謝されました。
　以上のような次第で、孫子は「**戦わずして勝つ**」ことを重視するわけです。

孫は同僚である米元と、できるだけ無用な争いを避けたいと考えています。

恨みを買うと損をする

恨みを買うということは、再び争いを起こす火種を残しているということ。負のループは早めに断ち切る必要があります。

恨まれっぱなしは悪循環

　勝負の結果、恨みを残してしまうと、結果的に何度も戦うことになりかねません。長引く戦争で多大な兵力を損なうように、終わらない戦いは、エネルギーをいつまでも消費します。
　負のループを断ち切るには、恨みを残さず勝つことが大切です。

戦わない方法を考えよう

謀攻篇❷

書き下し文

上兵は謀を伐つ。其の次は交を伐つ。其の次は兵を伐つ。其の下は城を攻む

原文の翻訳

敵の策謀を打ち破るのが最善だ。敵の外交を打ち破るのは次善、敵の軍隊を打ち破るのは三番目、敵の城を攻めるのは最悪だ。

名将は戦わずして勝つ

孫子は戦い方をランキングして、次のように分類しています。最善は**謀略戦**、2位は**外交戦**、3位は**武力戦**、最悪は**攻城戦**です。このうち謀略戦と外交戦が「**戦わずして勝つ**」方法です。

謀略戦としては、孫が課員への連絡手段を一斉メールにすることを上司に提案して、米元の嫌がらせを未然に防ぐシーンがあてはまります。直接米元と言い争うことを避けたのです。

また、孫の人望の厚さは、外交戦に相当しま

このシーンに注目！

孫は上司への提案と見せかけて、米元から自分への嫌がらせをやめさせることに成功します。

す。味方が多ければ、敵もそう簡単には手出しできません。もちろん数の力で敵を圧倒することもできます。

戦って勝つ方法

一方、武力戦と攻城戦は「**戦って勝とう**」というものです。このうち、攻城戦はとくにおすすめできません。

攻城戦とは、敵の城＝ガードの固いところを攻めることです。当然ながら受けるダメージも大きくなります。

ビジネスでいうなら、競合他社がすでに圧倒的な人気をもっているマーケットに、新規参入しようとするようなもの。無駄に投資して失敗すれば、大損する可能性もあります。

というわけで、戦って勝とうとするなら、武力戦でいくしかありません。ただし、その際も効率的な戦い方を選ぶなど、工夫が必要です。

3つの戦い方の種類

「孫子の兵法」では、次の４つの戦い方を取りあげ、はかりごとを使った戦い方が最善としています。

謀略戦 敵をあざむいたり、はかりごとをしたりして、敵を無力化させる方法。

外交戦 味方の人員を増やし、敵を孤立させてしまう方法。

武力戦 力や技術を高めて、敵と直接対決をすること。

攻城戦 最も攻めにくい敵の守備を、力づくで攻略しようとすること。

効率的に戦おう

謀攻篇❸

書き下し文

用兵の法は、十なれば則ち之を囲む

原文の翻訳

用兵の原則としては、こちらの兵力が敵の10倍のときには敵を囲むことだ。

けんかは降りもの

孫は米元と争いたくはありません。しかし、米元は孫に対してライバル心をあらわにし、何かと嫌がらせをしかけてきます。

こうした場合には戦うしかありません。ただし、同じ戦うなら効率的に戦うようにします。少しでも損失を少なくするためです。

そのためには、相手のことを知ることももちろんですが、**自分の実力を知っておくことも大切です。**

このシーンに注目！

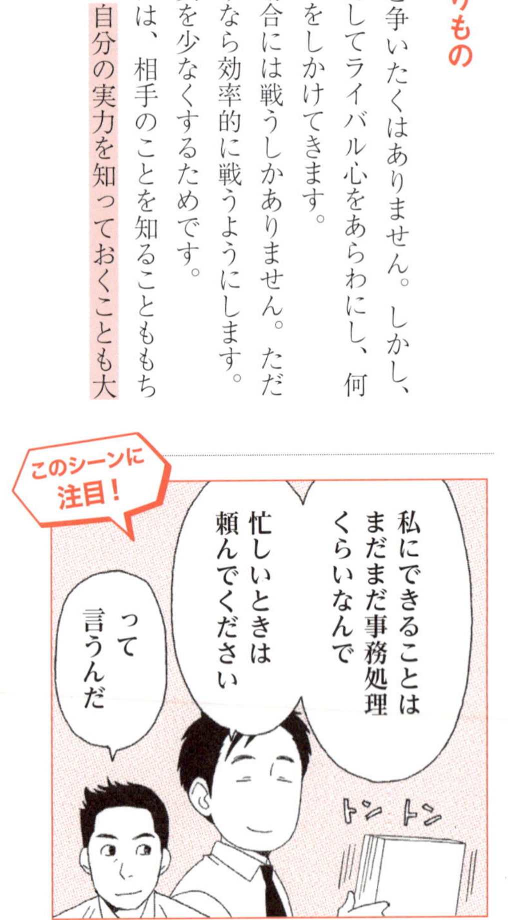

孫は伊藤主任のために、今自分ができることでサポートしました。自分の立場がわかったうえでの行動です。

まずは自分を知る

孫子の教える効率的な戦い方は、一「**敵が強いなら守る**」、二「**対等なら戦う**」、三「**弱いなら攻める**」という3つの心得が大きな肝（きも）です。

ここでいう「戦う」とは、ときに攻めたり、ときに守ったり、攻守を臨機応変に使い分けることです。

米元と敵対していたころの孫は、まだまだ駆け出しの新人であり、どちらかといえば弱い立場にあります。そのことを知っている孫は、米元と正面切って戦おうとはしていません。あくまでもサポート役に徹し、周囲から少しでも信頼してもらえるように努力しています。信頼があれば、多くの味方を得られるので、立場的に強くなれるからです。身を守ることもできます。

以上のように、自分の力をわきまえたうえで、戦・攻・守を使い分けることが大事です。

まわりの状況に目を配れ

目の前のことだけでなく、まわりの人にも目を向けてみましょう。自分に降りかかるかもしれないトラブルを、発見できるかもしれません。

自覚している人

「できること」と「できないこと」がわかっていると、苦手なことをしようとして時間をかけることもなくなり、得意分野で自分の力を発揮できます。やるべきことも見えてきます。

自覚していない人

自分の力量がわからないと、仕事を引き受けたとしても、キャパシティーオーバーになってしまい、結果、まわりの人に迷惑をかけてしまうことにもなりかねません。

ライバルのことを知ろう

書き下し文

彼(かれ)を知(し)り、己(おのれ)を知(し)れば、百戦(ひゃくせん)して殆(あや)うからず

謀攻篇④

原文の翻訳

相手を知り、自分を知れば、いくら戦っても危機にみまわれることはない。

戦う前に相手を知る

敵意を向けてくる米元に対し、孫は毛嫌いするどころか、親しげに接します。米元のよいところをほめるなど、気づかいも忘れません。

これは敵を攻略するために必要なことです。自分の実力をわきまえる（▼P.220）だけでなく、**敵のこともわかっていれば勝ちが見込めます。**

孫は米元の警戒心を解き、距離を縮めることで米元のことを知ろうとしているのでしょう。

相手と自分を把握する

中国史のエピソードに、こんなものがあります。楚漢(そかん)戦争のとき、漢王の劉邦(りゅうほう)が、軍師・陳平(ちんぺい)に戦いに勝つためにどうすればいいかをたずねました。すると陳平は、楚王は人柄がいいがケチである、劉邦は太っ腹だが人柄に問題があると述べました。

劉邦は、その後、人を馬鹿にする短所を改め、多くの人に慕われるようになり、天下を統一したといいます。

まさに自分と相手の長所と短所を知り、その両方の長所を取り入れたことが功を奏したエピソードといえるでしょう。

このシーンに注目！

敵意を向けてくる米元に対しても、孫は親しく接します。心の距離を近づけることで、相手のことをさりげなく探っているのでしょう。

ライバルの情報を収集せよ

たとえばスポーツ選手が試合前に、敵のクセや弱点を知って戦略を練るのと同じで、戦う前に相手の事前情報をリサーチすることは大切です。

やみくもに戦うより勝ち目アップ

相手を攻略しようとするときは、まずは相手を知り、分析すること。相手を知らないと、思い込みによる勘違いで新たな問題が起こったり、的外れなことをして骨折り損になったりすることに。弱みだけでなく強みも情報収集しましょう。

水面下で努力しよう

軍形篇❶

書き下し文

善く守る者は、九地の下に蔵れ、
善く攻むる者は、九天の上に動く

原文の翻訳

守るのがうまい人は、まるで地の下に深く潜っているかのようにする。攻めるのがうまい人は、まるで天の上から勢いよく降ってくるかのようにする。

人目につかないこと

負けない強さをもつには、**人に知られないこと**がポイントになります。どこで守っているのかわからないし、どこから攻めてくるのかわからない。つまり「目立たないところで行動せよ」ということです。

たとえば新商品を開発する場合でいうなら、**目立たないところで開発するからこそ、ライバル会社を出し抜くことができます。**水面下で作戦を練っておくのです。

このシーンに注目！

孫は、みんなが出社してくる時刻よりも早めに来て、ひとりでコツコツとパソコンの使い方を勉強していました。

陰ながら努力する

孫は新人時代、誰よりも先に出社し、パソコンスキルを身につけるため、目立たないところで地道に努力していました。

これも自分の力を知っているからこそできる行動です。自分の補強すべき弱点を心得ていたのです。

お忘れかもしれませんが、孫は何百年も前からやってきた人物です。ITを知らないという弱点がバレて、不審に思われてしまわないように、隠れてかなりの努力をしたことでしょう。

負けない己をつくれ

孫子の教えでは、負けない強さをもつことが大切といいます。

コントロールできるのは自分だけ

負けない強さとは、弱点をなくし、どこを攻められても平気な状態に準備しておくということ。

自分の弱点がわかっているのは、誰よりも自分自身です。相手の力を弱めることは難しいですが、自分の弱点は努力次第で補強できます。それが孫子のいう、負けない強さです。

戦いに備え、水面下で力を蓄えておきましょう。

相手はコントロールできない

自分を強くすることはできる

トラブルを静かに回避しよう

軍形篇❷

書き下し文

善（よ）く戦（たたか）う者（もの）の勝（か）つや、智名（ちめい）なく、勇功（ゆうこう）なし

原文の翻訳

戦いのうまい人が勝っても、知者という評判もなく、勇ましい功績もない。

勝ちやすいときに勝つ

負けない強さを身につけ、勝ちやすいときを狙って戦う。これが戦勝のセオリーです。

トラブルが起きてから解決しようとするのではなく、未然に予防しておくことができれば、簡単に処理できます。

トラブルの兆しを敏感にキャッチ

さらに孫子の教え（軍形篇）には「**戦（いくさ）上手の勝ち方は、とくに奇抜なこともせず、智者とし**

会議室はおさえておきました

ありがとう

課内会ギ

販売会ギ

このシーンに注目！

孫は、伊藤が会議の直前になって慌てないように、先回りして会議室をおさえていました。

地味なことでも小さな配慮の積み重ねがトラブルを防ぐよね

ての評判も立たず、勇ましい功績も聞こえてこない」というものがあります。

孫は、伊藤主任が気付かないうちに伝票を届けたり、会議室をおさえたりして、直前になって困らないように先手を打っていました。

トラブルを未然に防ぐ行動が人目につくことは、あまりありません。しかし、伊藤主任が孫の細やかな気配りに気が付いたように、誰かがその行動を見て正当に評価しているものなのです。派手で目立った成績を残している人ばかりが成功するとは限りません。かしこい人は、目立たなくともいずれ勝ち上がっていくのです。

孫のように普段から周囲に気を配っていれば、ちょっとした変化を敏感にキャッチし、トラブルの兆しも見えるようになるかもしれません。

まわりの状況に目を配れ

目の前のことだけでなく、まわりの人にも目を向けてみましょう。自分に降りかかるかもしれないトラブルを、発見できるかもしれません。

孫は自分の仕事をしながらでも、まわりの人の様子に目を配っていました。

気が付く力を身につけよう

トラブルを回避するために、もっともよい方法は、問題が起きる前にその火種を消してしまうこと。

突然ぼっ発するトラブルもありますが、多くのトラブルは気が付けば未然に防ぐことができることが多いものです。そのためには、日ごろからまわりの状況に目を配る習慣を身につけておくとよいでしょう。

身近なところから考えていこう

軍形篇❸

書き下し文

地は度を生じ、度は量を生じ、量は数を生じ、数は称を生じ、称は勝を生ず

原文の翻訳
地形から程度が割り出される。程度から物量が割り出される。物量から規模が割り出される。規模から優劣が割り出される。優劣から勝算が割り出される。

勝ちは計算できる

孫子によれば、「**勝算は算出できる**」といいます。「戦場の大きさを知り、それによって戦いの規模を算定。さらに兵力や武器、物資の必要量を割り出すことで、勝算が求められる」と説きます。

孫の「現地に行けば、会社の規模、生産力、供給可能な数字がわかり、そこから勝算も導ける」というセリフは、まさに孫子の言に合致しています。だから「現地を視察できれば勝ちを計算できる」と、孫は自信をもっているのです。

5段階の観点から勝算を見極める

たとえばあなたが、あるメーカーと商談をまとめようとしたとします。まず現地へ行き、交通の便や地域事情（**地**）を見たうえで、社員数、仕事内容（**度**）を知り、そこから会社の規模（**量**）を想定します。さらに生産現場などを調べることで現実的な取引量（**数**）をはじき出し、それがどのくらいの期間で、どの程度の品質を保ってできるのかといった能力（**称**）を見出します。

このような5段階で、現地（現場）からひとつひとつ考えていくことで、地に足のついた判断ができるようになります。

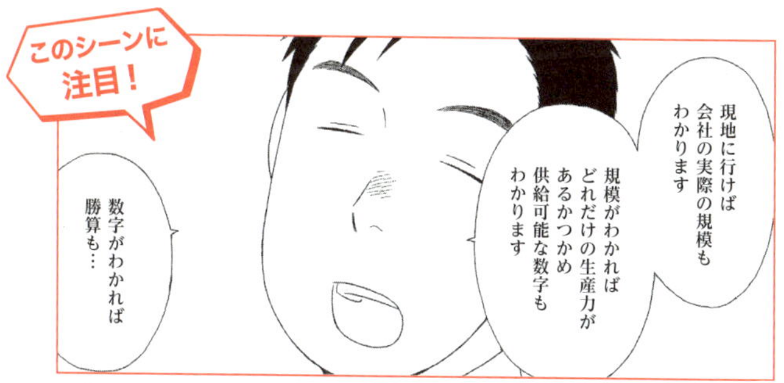

現地に行くことで、会社の規模、生産力、数字を実際に見ることができ、それによって勝算がわかると説得します。

論理的に勝算をはかるからこそ確実な勝利が見えてくる！

勝算を見極める5つのプロセス

「孫子の兵法」では、次の順序で敵を分析し、勝算を割り出すことが大切だと説いています。ライバル会社を例に考えてみましょう。

① どこにある会社か
会社がある場所、その会社の地域事情を調べる

→

② どんな会社なのか
実際に見に行き、従業員数や事業内容を把握する

→

③ どのくらいの規模なのか
社員数などから、会社の規模を割り出す

④ 具体的な数値は？
会社の規模から、生産力や経営力を割り出す

←

⑤ どのくらいの力があるのか
具体的な数字がわかれば、力の比較が可能になる

←

勝てるかどうかがわかる！

組織力を高めよう

兵勢篇❶

書き下し文

衆（しゅう）を治（おさ）めること、寡（か）を治（おさ）めるごときは、分数（ぶんすう）これなり

原文の翻訳

大軍を管理するにあたり、あたかも少数のようにスムーズに管理できるのは、きちんと組織だっているからだ。

組織の団結力が業績を伸ばす

会社で働くなら、チームワークは大切です。ことわざにも「団結は力なり」とあるように、**社員のチームワークがよければ、その会社は強くなります。**

孫子の教え（兵勢篇）では、チームワークをよくするための肝（きも）は、**分数**（ぶんすう）（＝役割分担の決定）と**形名**（けいめい）（＝連絡手段の整備）にあるとしています。

社員みんなで仕事を分担して助け合い、いつ

このシーンに注目！

課員がひとつにならないと業績も上がりません
ですから連絡手段も整えたほうがいいと思います

課の力を高めるために、連絡手段を整えて、集団としてのまとまりを強化したほうがいいと提案します。

でも互いに連絡を取り合えるようにしていれば、チームワークもよくなって当然です。ですから、孫は上司に進言して、課員の連携を強化しようとしたのです。

組織力を有効活用する

連携して戦うとき、ポイントになるのが**奇正**と**虚実**です。

「奇正」とは、常識と**奇策**（▼P.233）を駆使することです。たとえば、会社が経営難でも、社員が常識をわきまえるだけでなく、常識にとらわれない斬新な発想をもてるなら、きっと会社を守ることができるでしょう。

「虚実」とは、自分の強みを使って相手の弱みを攻めることです。その際に注意するべきは、相手の強みを避けること。弱みをつけば、どんな大きな組織だってイチコロです。

団結力を高める2つのポイント

集団の団結力を高めるためにどんなことをすればよいのか、「孫子の兵法」では次のように説いています。

分数

個々の役割分担を決め、
協力体制を整えること

形名

通信手段を整え、
つねに情報を共有すること

常識にとらわれない勇気をもとう

兵勢篇❷

書き下し文

凡そ戦いは、正を以って合し、奇を以って勝つ

原文の翻訳

およそ戦いにおいては、正攻法で敵にぶつかり、奇策で敵に勝つものだ。

「正攻法」と「奇策」

課長は、部品が世界的に不足しているため、納期を遅らせる計画を立てました。これはごくまっとうで常識的な考え方で、**正攻法**と呼ばれます。

対して孫は、納期を変更しないまま、新しい取引先で部品をつくる、という提案をしました。トリッキーで常識にとらわれない考え方で、これを**奇策**といいます。

「**戦いは、正攻法で進めながら、並行して奇**

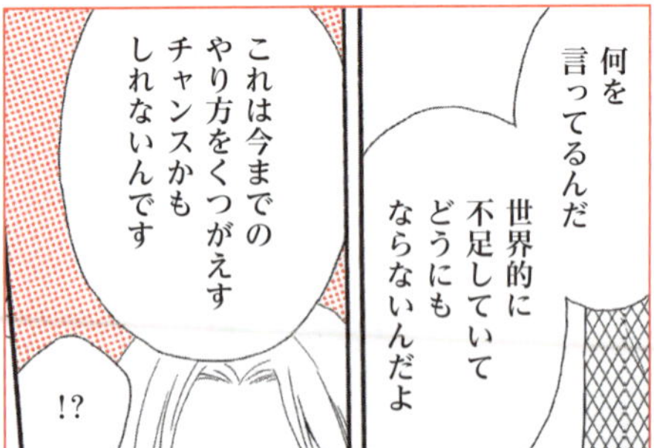

このシーンに注目！

奇策に反論する課長に対し、孫はこれまでとちがう新しいやり方を主張します。

策を用いることにより勝利をつかめる」と孫子は説いています。

2つの戦い方の使い分け

常識・非常識は、多数派・少数派の関係と同じで、変動します。

奇策が一般的な方法として認知されれば、もうそれは正攻法に変わります。新しい正攻法から、また別の発想が生まれれば、今度はその発想が奇策になります。

ビジネスにおいて、わたしたちは、2つの戦い方を知り、使い分けることが肝要です。普段は正攻法をとりながらも、ときおり奇策を織り交ぜるのです。

自由に奇策を発想し、それを実行できる勇気を、常にもっていたいものです。そこにこそ、敵を翻弄し、勝利を引き寄せるチャンスが眠っているのです。

正攻法と奇策を使い分けよ

対照的な2つの戦い方を、ときと場合によって使い分けることで、敵を翻弄させることができます。

正攻法

常識的なやりかたのこと。
または、駆け引きや
はかりごとをせず、まっすぐに
正々堂々戦うこと。

奇策

誰も考えもしない
非常識な考え方のこと。
はかりごとによる企みを持って、
戦いを挑むこと。

ライバルを味方につけよう

兵勢篇❸

書き下し文

善く敵を動かす者は、これに形して敵の必ずこれに従い、これに与えて敵の必ずこれを取る

原文の翻訳

敵を思い通りに動かせる人は、陽動すれば、敵がそれにひっかかる。エサを与えれば、敵がそれに食いついてくる。

仕事に私情を挟まない

孫が感情面で米元のことをどう感じているのかはわかりませんが、仕事に私情を持ち込むのは社会人として失格です。

米元は孫をライバル視していますが、語学力もあるし、協力し合えば必ずよきパートナーになってくれる人材です。孫はそれがわかっていたのでしょう。

だからこそ孫は米元を嫌わず、仕事仲間として良好な関係になりたいと思っていました。

このシーンに注目！

米元頼む！
オレでは交渉できる語学力がないついてきてくれないか！
え？オレ？

孫は、語学力のある米元に同行を頼みますが、これを機会に米元を味方につけることがねらいでもありました。

相手にとっての利益で誘導

孫が米元に海外出張に同行してほしいと頼んだのも、その一環でした。米元が自慢としている語学力を活用できる場をちらつかせ、おとりにしたのです。しかも、米元に頭を下げて頼むことで、その自尊心をくすぐります。

かくして米元は孫の思惑通りに成果を出し、孫に対するわだかまりも捨てました。まんまと誘導されたわけです。

このときに大切なことは、**相手が自主的に「やりたい」と思うようにさせること**です。孫は米元をうまく誘導し、疎まれていたはずの米元が、協力したくなるように仕向けたのです。

孫武の成功　タネあかし

米元の経歴を知ってからの、孫と伊藤主任の会話です。

孫課長
米元には語学力という強みがあってうらやましいなぁ

主任
うん、それだけが自分の武器だっていつも自慢気に言ってるからな

孫課長：米元がいれば海外の企業への交渉もこわくないですね

主任
たしかに。あいつ頼られると喜ぶ性格だから

孫課長
そうなんですね今度機会があったらお願いしてみよう

米元を海外出張に連れていく目論見を始めていた！

社内政治に勝つ

正しいライバル関係 実践テク

孫課長に米元というライバルがいたように、自分が望んでいなくとも相手に敵視されてしまうことはあります。つぶされる前に防御策を知っておきましょう。

謙虚でいよう

まちがった情報を流されたり、わざと情報を伝えてくれなかったりと、嫌がらせを受けることがあるかもしれません。そういうときは、常に謙虚でいること。怒りに任せて相手を責めるのはNG。感情的になってしまえば、相手の思うつぼです。

誠実な態度を示そう

誰に対しても、変わらず誠実な態度を示しましょう。ライバルの長所をほめるのもいいでしょう。人間的に魅力があれば、まわりに味方がつきます。ライバルもあなたを敵にすることが得策でないことに気付き、敵対することはなくなります。

ライバルの強みを利用しよう

ライバルはあなたに負けたくないと思っています。それならばそれを逆手にとり、あえてあなたの苦手分野で力を発揮してもらうチャンスをつくってしまいましょう。協力を求めるふりをして、最終的には味方につけてしまうのです。

6章

孫課長はアニメ通!?

～スパイの活用～

火攻篇・用間篇

コメント
とあるキャラが洗濯機に似ていると話
キモンスター☆ハント
ゲーフェスにて
大人気ソーシャルゲーム「キモンスター☆ハント
のキャラクター「はきうさぎ」が○○電機社製
洗濯機に似ていると話題に
めがね@jnkmn
洗濯機すぎwwww
ハラヘリ@harahetta
まじで似てる。
工事中@underconstruction
ほしくなったこの洗濯機
見た?
なんかおもしろいことをうちの会社がやったらしいね
見た見た
どうも営業三課が絡んでいるみたいだよ
てことは孫課長か!
また　あの人が火付け役なんだ
火攻篇❶▶P.258
そういえばどうやら新役員に営業部の部長が入りそうなんだって
じゃあ次の営業部長のポストは?
さ~誰がなるんだろう
ヒソヒソ
ザワザワ

おはよー
どうしたの？ 元気ないね
けんかした彼から返事がもらえなくて
ごめんねってメールしたのに…
え～ なにそれ！
ひどい!!!
やっぱりひどいよね！
やっぱり今夜会いに行こう！
そうだよ！ 言いたいこと言ってやれ！
ぬっ
トン トン
感情的になったらけんかは終わらないよ！
え？
……
クールに仲良くねー
ぽかーん
あの人 営業の…
火付け役のプロっていわれてる孫課長じゃん？
おはよー

そうは見えないよねー
よっ

じっ…

よろしくお願いします!!

痛家電特集
あなたの嫁がきっと見つかる♡

キャラの香りでいやされて♡
アロマ加湿器
4,800円
このメーカーはこういう商品増えたよな

うちもこないだのゲームイベントで受け入れられたからいっそ出せばおもしろいのに
どうかねぇー
キャラの香り…だと!?

役員会議
ズラ〜ッ
今 我が社に求められるのは火付け役だ
新しいビジネスモデルでこれまでのものを使いものにならなくしてしまうような
我が社の優位を実現できる人材が必要だ

やっぱり孫くんか?

孫くんなら我々の常識を超えられるんじゃないか
でも人事からふさわしくないという声もあがってるぞ

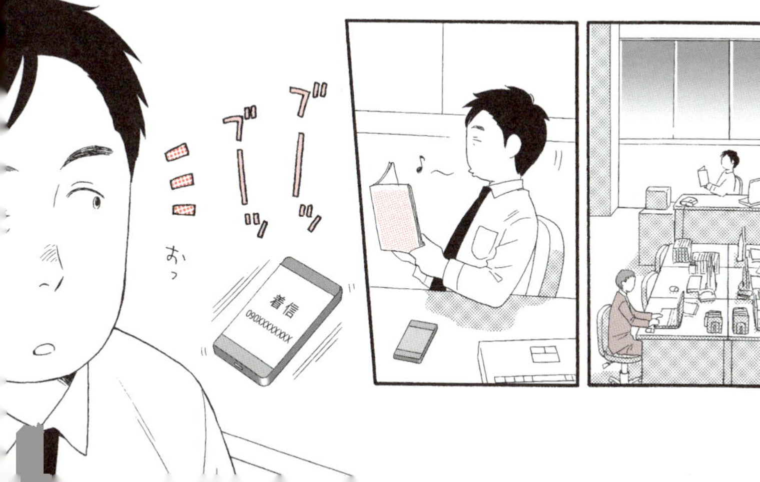
営業三課
♪〜
ブーッ
ブーッ
おっ
着信
090XXXXXXXX

はい…
はい
はい…

おまえたち
「スクアイ」って
知ってるか？

え？
ああ
知らないなら
いい
は？
オレちょっと
出てくるわ
いってらっしゃい…

「スクアイ」って
アニメのかな？
スクアイ

えっ？
課長が
アニメ？
ですよね
だから黙って
たんですけど
抱き枕

それにしても
課長って　ときどき
電話がなると
急に動き出したり
しますよね

おまえも
気付いてた？
はい

別の日
○○電機

おはようございまーす
おはよー

え？

□□駅 南口
コンビニステ
新発売
24

用間篇③▶P.268

へー
課長にあんな
知り合いが
いるんだ

企画会議
にこ
にこ

企画書
痛家電おそうじロボット
イラスト
イメージ

おい
おい
完全な後追い製品じゃないですか
洗ってすぐ乾燥
う…ん
ひそ
でもこの絵師さんすごく有名な人ですよ
ひそ
絵師って？
オレ そっちの分野わからない
もっとはっきり何らかの作品とのコラボを打ち出したほうがいいです！
たとえばこのイラストレーターの感じがよければ
魔女っ子シリーズとか…人気の「スクアイ」とか
火攻篇❷▶P.260
PRをするなら口コミが…
……
課長…何でそんなに詳しいの？
……
……
スクアイだっけ？ブームに乗るならほうがいいわよ
さすが孫課長

そんなことより
オタクの話題に
あそこまで課長が
詳しいなんて
幻滅だよー!!
何それ！
オタクに
偏見ありすぎ！
アニフェス！
っていうか何？
何かのイベント？
ん!?
パシャッ
カシャ
カシャ
ええええーー??
用間篇④▶P.270

OTAKU CAFE
びっくりしましたよ課長!何やってるんですか!
こんなところに友達なんていたんですね
ずゅ〜
ココココココ

ぼくは友達じゃないです2週間前に初めて会って
アニメについて聞きたいって言うから教えてただけで

今日なんて限定グッズまで買ってもらっちゃって
ほんとありがとうございます!
用間篇❶▶P.264

アニメのこと全然知らなかったからいろいろ知りたくてさ
こちらこそありがとう
え?
2週間前?

あの会議より前じゃないですか！
じゃあ　会議前にああいう商品が提案されるって知ってたんですか？
ヤベッ
バカねぇ課長クラスにもなればいろんな情報源をもってて当たり前でしょ
ははは…
ですよね？
用問篇❷▶P.266
じゃ　そろそろ次のイベントの場所とりあるみたいだから
ほら行こう
？
ささくさー
あ課長！
ちょっとマサル！
おちついてっ
スクアイコラボイベント成功を祝って！
お疲れさま～
営業三課

また課長がやってくれたね
ブームを察知して仕掛けるなんてかっこいい!
だよなー
あれ?課長と薄井さんですよね?
ほんとだ
人事に転属になったけど今でも課長と繋がっているのかな?
この時期に人事とねぇ…
何ですか?
うちの課長次期副部長の最有力候補って聞いてない?

おっ
いったい課長は何してるんだろう？
最近よく別の課の社員と話してるけど
あの人は人事の林さんの関係者ね
え？
ぬっ
孫課長は人事の林さんにあんまり好かれていないってうわさだったけど…
あの人が林さんと親密だと知ってて近づいてるのかしら
ハハハハ
アハハハ
用間篇⑦▶P.276

課長 すいません
どうした?

先方がどうしても協賛として特価で出せと
この数字だとオレの権限では何とも言えないな
相手はどこだっけ?

部長に持って行く前に副部長に話してみろ

なんでですか?

副部長はもともとそこのクライアントの担当だったからそこの専務と仲がいいんだよ
たぶん副部長が上に通してくれるさ
本当に大丈夫かなあ…
営業部　副部長

別の日
営業三課
おい
え？
OK？

どうした？
いや…
こんなあっさり
話が通るなんて…
よかった
じゃないか
よかった
けど…
オレの不安
って…！

課長は
そういうこと
読むのが得意
だからね
なんで
そんなに鼻が
利くんだー！
くっ…

そういえば
こないだも…

これは認められません
スッ
領収書
○○電機 様
¥12,000-
御宿泊代として
ツーン
それはわかってますけど認められません
総務部
事情説明しましたよね!?
プンプン
どうしたの?
バァ~ン
やっほー
利子!
事故に巻き込まれたときのホテル代を認められないって言われたんだよ
ネコと一緒におそうじ
指定された施設以外はダメの一点張り!
鉄仮面みたいに笑わないし!

嫌われてるんじゃないの？
知ってる子に今度それとなく聞いてみようか？
嫌われる理由なんか思い当たらないのになー
ガシ
うぅ～
ガシ
やっぱり腹立つ！
もう1回行ってこよう
スクッ
おーマサルどうした？鼻息あらくして
あっ
課長！聞いてください！
ステーキ
あーだこーだ
マサル前にその総務の子に眼鏡のことからかったろ？
そのメガネオタクっぽくない？
今は眼鏡してないけど
ふむ。
ぽわわん
あそういえば
あれあの人か…！

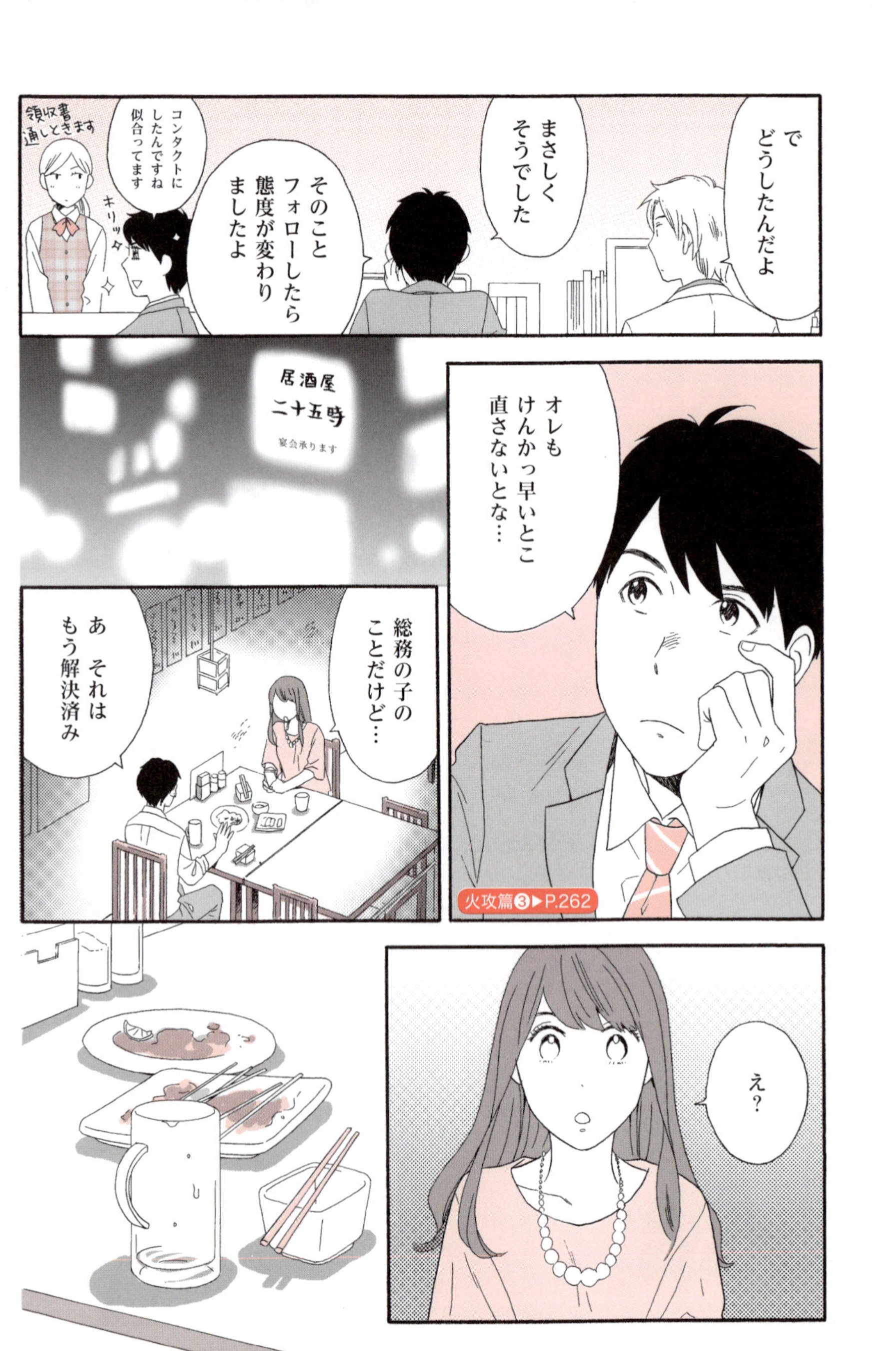
で
どうしたんだよ
まさしく
そうでした
そのこと
フォローしたら
態度が変わり
ましたよ
コンタクトに
したんですね
似合ってます
キリッ
領収書
通しときます
オレも
けんかっ早いとこ
直さないとな…
居酒屋
二十五時
宴会承ります
総務の子の
ことだけど…
あ それは
もう解決済み
え？
火攻篇③▶P.262

じゃあ なんで
嫌われていたのか
わかったんだ

っていうか
何 他の
女の子に色目
使われてんのよ
じっ…
知らねーよ
小さいことで
怒るな

でもどこから
そんな情報を
知ったのかな

ほんと
そこがいちばん
謎だよな

気になる?

こんばんは
愛子さん!

こんなところで
お会いするなんて
奇遇ですね

らっしゃい
こんばんはー
あら
ここ 私も
よく来るのよ

社内でも
顔が広いから
情報はすごいし

ライバル会社を
味方につけて
情報を得たり

会社外に
自ら勉強しに
行ったり

用間篇⑤▶P.272

これってやっぱり
孫子の……

ところで愛子さんって課長とどういう関係なんですか？
そうね孫課長は素敵だと思うわ
ああ見えて頭がキレるし優しいでしょ
さりげない気配りもできるし
用間篇⑥▶P.274
私は孫課長のスパイ
…とでも言っておこうかな
スパイ!?
てっきり愛子さんは課長のことが好きなのかと…
ちょっとマサル！
人間関係を知ることは社内政治で生き残るためには大切なことなのよ
いいのよ
誤解されて疎まれてたら面倒だし
これ先輩としてのアドバイスね

火付け役になろう

火攻篇❶

書き下し文

凡そ火攻に五あり

原文の翻訳

火攻めには5種類ある

火攻は大量破壊兵器

火攻とは、敵の兵士、物資、補給部隊、倉庫、軍隊など、敵が戦いに使うものに火をつけて燃やしてしまい、使いものにならなくさせる戦法です。こうなれば敵は、戦いたくても戦えません。結果として、こちらは楽に勝てるようになります。

これは、ビジネスでいうなら、新しいビジネスモデルを生み出して爆発的な影響を与えてしまうこと。

自らが火付け役となって新機軸のビジネスモデルを生み出し、これまでのビジネスモデルを陳腐化して、使いものにならなくさせてしまうわけです。

新機軸の火付け役になる

孫課長は、ブームとなっているゲームメーカーのキャラクターイベントとからめて、新しい販売ルートの開拓を始めます。これもまた新しいビジネスモデルの構築です。

まわりの社員からも火付け役として有名な孫

課長。これまでも、さまざまな「火攻」で成功を積み重ねてきたようです。

一度よい評判を立てると、支持者は自然と多くなり、相乗効果で味方もどんどん増えていきます。

次のページから、火付け役になる方法を具体的に解説していきます。

このシーンに注目!

いつも話題になる出来事を起こしている孫課長は、他の社員からも火付け役として、その名を知られているようです。

火付け役になるメリット

流行の火付け役になるということは、自らが時の流れをつくるということ。自分に有利になり、戦いの主導権をにぎりやすい状況をつくることができます。

よい印象や評判が自然と広がる

ブームにのって、自らアピールしなくても、評判が世の中にどんどん拡散していきます。

何もしなくても人が集まってくる

評判が高い人のまわりには、味方が集まってきます。多くの人に指示されることで、勢力が高まります。

しっかり観察してから動こう

火攻篇❷

書き下し文

凡そ火攻は、必ず五火の変に因りて之に応ず

原文の翻訳

およそ火攻めは、必ず5種類の火攻めがもたらす変化に応じて、こちらの対応を決める。

まずは段取りから

火攻を実行するには、事前の準備と段取りが重要です。それは「**火をつけるために必要なものをそろえること**」、「**火のつきやすいときを選んで実行すること**」です。

ことわざでも「段取り8分、仕事2分」といわれるように、事前の準備は何をするにしても大切なことです。

孫課長は、新商品とのコラボ企画に踏み切る前に、依頼する絵師の評判や市場の反応を見て

たとえばこの
イラストレーターの
感じがよければ

魔女っ子シリーズ
とか…
人気の「スクアイ」とか

このシーンに注目！

まず試してみて、様子を見てから具体的な行動にうつしていこうと、孫課長は提案します。

確実な結果が出るかは
反応を見てから
考えていこうって
ことだね

からにしようと提案します。さらにPRのことも考えて、企画決定後の動きも想定します。こうして計画的に考えてから行動に移すことでブームに火をつけやすくなるのです。

様子を見てから実行する

火のつきやすいときというのは、空気が乾燥していて、風が吹いているときです。

「空気が乾燥しているとき」は、火のつく素地がある状態です。ビジネスでいうなら、潜在的な需要があるということ。そうした素地がなければ、どうにもなりません。

また、何をするにしても風向き(=トレンド)を読まないとうまくいきません。順風なら楽勝ですし、逆風なら苦労します。それが孫子のいう「風が吹いているとき」です。

こうして火がついたなら、それに対する世間の反応を見ながら次の手を決めます。

ブームを起こすタイミングのよみ方

ブームのプランを決めたら、次はタイミングをみて実行にうつします。孫子の教えでは、その対応について、5つの方法が説かれています。

拡散する

ブームをしかけた直後は、すぐに口コミなどで拡散を始めるといい。

観察する

しばらくしても話題にならなそうであれば、いったん様子をうかがうといい。

便乗する

似たようなブームがすでに起こり始めていたら、すぐに便乗するといい。

逆行しない

他のブームが起きていたら、逆行せずに追い風に乗ったほうがいい。

長期的に見る

すでにブームが長く続いていたら、下火になる可能性も考えたほうがよい。

すぐに感情的になるのはやめよう

火攻篇❸

書き下し文

主は怒りを以って師を興すべからず。
将は慍みを以って戦いを致すべからず

原文の翻訳

君主は敵に対して怒っているからといって、戦争を始めてはいけない。将軍は敵に対して怨みがあるからといって、戦いをしかけてはいけない。

感情的になってよいことはない

「**怒りや恨みで戦いを始めるな**」、つまり戦いに私情をはさむな、という教えです。これは現代社会でも同じ。またそれだけではなく、そもそもビジネスマンたる者、怒ったり恨んだりすることは、やめようじゃないか、という教えと理解することもできます。

仕事で感情的になって、よいことはありません。激しく噴き出した感情は相手に燃え移ります。そうして燃え広がった感情は、鎮めるのも

このシーンに注目！

オレも
けんかっ早いとこ
直さないとな…

マサルは、いつも穏やかに問題を解決する孫課長を見て、すぐにカッとなる自分の性格を顧みます。

大変です。鎮めるための労力は、無駄なエネルギーであるうえ、鎮められたとしても、あとにしこりが残るかもしれません。

マサルも孫課長を見て、総務の女子社員に対してカッとなったことを反省しています。

韓信のまたくぐりに学ぶ

韓信は、漢代の名将ですが、孫子の兵法を学んでいたことでも知られています。

韓信が若いころ、腰に大きな剣をさして歩いていると、チンピラたちがからんできました。

「その剣でオレたちを刺してみろ。それができないならオレの股をくぐれ」

韓信はもちろん頭にきましたが、我慢して股をくぐりました。ここで犯罪者となり、追われる身となれば、将来の成功もおぼつかなくなるからです。こうして怒りをおさえ、我慢したからこそ、のちに名将になれたわけです。

怒りを我慢することも強さと考えよ

感情とはやがて覚めるもの。たとえけんかを売られたとしても、その場の感情で戦いを始めないこと。感情的な争いほど、双方にとって損なことはありません。

怒る人

怒りや憎しみの勢いに任せて争っても、お互いに傷つけ合うだけで、結果的に利益はありません。

怒らない人

問題が起きたときは、理性的に対処しましょう。その後の関係もよくなり、お互いのために有効です。

情報戦を重視しよう

用間篇❶

書き下し文

爵禄百金を愛しんで敵人の情を知らざる者は、不仁の至りなり

原文の翻訳

（情報活動の対価とする）恩賞や百金を惜しんで、敵情を知らないままにするのは、とてもひどいことだ。

情報を制する者は世界を制する

孫子は「**戦わずして勝つ**」ことを第一に考えるわけですが、その手段が集約されているのが謀攻篇（▼5章）と用間篇です。**用間**とは**スパイ活動**のことです。

「情報を制する者は世界を制する」といわれるように、情報の大切さは今も昔も変わりがありません。

作戦篇（▼P.66）でも解説したように、戦争には多くのコストが伴います。多くのヒト・モノ・カネが失われるからです。

しかし、上手にスパイを使えば、それらのコストを少なくできます。たくみな情報戦によって「戦わずして勝つ」ことができるからです。

だからこそ、孫子は「**情報のための金銭を惜しんではならない**」と説くのです。

様子を見て対処していく

孫課長は情報通です。そして、情報のためには金銭を惜しまないのも見逃せない点です。

今回の情報提供者の青年に対しても、限定

グッズをプレゼントしています。情報提供者は孫課長に報酬を与えられたことにより、恩義を感じています。おそらく今後も孫課長に価値のある情報を、提供してくれることでしょう。

中国史には、スパイを上手に活用した武将が多く登場します。魏晋南北朝時代に活躍した韋孝寛や李遠なども、スパイを手なずけるために厚遇しました。心をつかまれたスパイたちは、韋孝寛や李遠のために進んで情報を提供するようになったといいます。

孫課長は有益な情報を得るためなら、限定グッズを買ってあげる（お金を出す）ことさえ惜しみません。

犠牲を払って情報を得よ

「孫子の兵法」では、情報収集が何よりも大切。いくら実力をつけても、情報収集のための経費を惜しんだり、手を抜いたりしては、成功を収めることができないといいます。

情報を買う

ときにはお金を払ってでも手に入れたほうがよいこともあります。情報収集は、戦いの基本中の基本です。

→

情報を活かす

手に入れた情報を使って利益に結び付けることができれば、結果的にプラスにもなり得ます。

事前に情報をつかもう

用間篇❷

書き下し文

明君、賢将の動きて人に勝ち、成功の衆に出ずる所以の者は、先知なり

原文の翻訳

賢明な君主や優秀な将軍が行動を起こしたときに、必ず敵に勝ち、人なみ優れた成功をおさめられる理由は、先知にある。

先知で先手をとる

孫子によると、用間（情報戦）のポイントは先知にあります。**先知**とは、文字通り「**先に知る**」こと。敵より先に相手の動きをつかみ、それをもとにして行動します。つまり先手をとるわけです。

孫課長は、企画会議の内容を事前に知り、まさに先手をとっていました。先手必勝といわれているように、先手をとることができれば楽に勝つことができます。

アニメのコラボ商品についての企画が出るということを、孫課長は会議の前に知っていました。いったい、どこでその情報を入手していたのでしょうか。

情報をコントロールする

先知には、もうひとつの意味があります。「**先に知らせる**」ことです。

たとえば、映画の宣伝のとき、公開に先立って盛り上がる場面などを切り取り、CMにして流せば、視聴者に「おもしろそう」と思ってもらえます。結果、多くの人に映画を鑑賞してもらえるという効果が見込めます。

つまり、これから新商品を販売するにあたり、事前に新商品の魅力を知らせるわけです。こうすることで新商品の購入者数が増えます。

このように情報をコントロールすることで、相手をコントロールし成功しやすくなります。

孫武の成功 タネあかし

企画会議前の孫課長と、
内部の情報提供者の会話です。

↓

新商品の情報を事前に入手していた!

詳しい人に頼ろう

用間篇❸

書き下し文

先知なる者は、鬼神に取るべからず、事に象るべからず、度に験ずるべからず。必ず人に取りて敵の情を知るなり

原文の翻訳

先知にあたっては、神様のお告げに頼ることはできない。似たものから類推することはできない。法則に照らし合わせて推測することはできない。

精通している人からの情報に頼る

情報収集と情報操作でもっとも頼りになるのは人です。孫子の教えでは、「**神様のお告げや、前例にならった判断はあてにならない**」と考えます。

たとえば、リサーチするにしても、PRするにしても、その道のプロや詳しい人を頼ったほうがうまくいくものです。

孫課長は、イベント会場に来ていた、アニメに詳しい青年と知り合いになり、頼れる情報を直接聞き出していました。

正しい情報を素早く得るための人脈づくり

事情に精通している人は情報が正確であるだけでなく、新しい情報を早く手に入れられることにも利点があります。

正しい情報を誰よりも早く得ることは、戦争に勝つコツであるのと同様に、ビジネスでも強力な武器になります。

そのためには、日ごろからの人脈づくりが必要といえるでしょう。「どんな人が何に詳しい

か」といった情報を集め、情報に精通する人たちと知り合いになっておくことが大切です。
また、精通している人を見抜く眼力も必要です。好奇心旺盛に、なるべく現場に足を運び、人との会話を重視するよう心がけるとよいでしょう。

イベント会場に来ているアニメに詳しい青年から直接話を聞いて、情報を得ます。

いち早く情報を得るには

誰よりも早く、正確な情報を得ると、戦いを有利に運べます。広い人脈と行動力が大切です。

その道に詳しい人に聞く

わからないことは、詳しい人に聞くのがいちばんの近道。そのためにもっとも必要になるのが人脈です。

現地に足を運ぶ

「百聞は一見に如かず」というように、現場に足を運んで自分の目で見ることで、物事を正確に理解できます。

スパイ活動をしよう

用間篇❹

書き下し文

間を用いるに五あり。郷間あり。内間あり。反間あり。死間あり。生間あり

原文の翻訳

スパイを使うにあたっては、5種類がある。因間(郷間)がある。内間がある。反間がる。死間がある。生間がある。

先知の手段

先知(▼P.266)の手段として、**五間**があります。五間とは、5種類のスパイ活動のことで、「郷間・内間・反間・死間・生間」の5つです。この5つをうまく使いこなすことで情報収集や情報操作を行い、有利な状況をつくります。

五間で見る現代のスパイ活動

「**郷間**」とは、他社に出入りしている業者やパートなど、知りたい対象に近しい人を利用す

このシーンに注目!

人に聞くだけでなく、自らも情報収集のために体を張る孫課長。コスプレ衣装で身を包み、参加者のひとりとしてイベントを楽しむのもスパイ活動の一環。

ることです。孫課長は、アニメやゲームなどのサブカルについて知るため、イベントに出入りしている人に教えてもらうことにしました。

「**内間**」とは、内部の人間を利用することです。孫課長は、愛子や古賀などの社内人脈を情報の収集や操作に利用していました(▼3章)。

「**反間**」とは、相手のスパイ活動を利用することです。二重スパイともいえるでしょう。愛子を通じて薄井の評価を人事部に売り込み、人事を動かしたのもその例です(▼3章)。

「**死間**」とは、犠牲とひきかえにすることです。孫課長は愛子にごちそうしたり(▼3章)、イベントで会った青年に限定グッズをプレゼントしたりして、自分の財布を犠牲にしてスパイ活動を行っています。

「**生間**」とは、情報を持ち帰ることです。孫課長の場合、自らイベント会場に出向いて情報を持ち帰っています。

密かに情報をつかむ5つの方法

「孫子の兵法」では情報戦を制するために、次の5つの方法をたくみに使い分けると、有利な状況をつくり出すことができると説かれています。

郷間(きょうかん)
敵の支配下にいる人を利用して、多くの情報を得る

内間(ないかん)
敵と密接に関係のある人を丸め込んで利用する

反間(はんかん)
敵のスパイを利用して、探りを入れる

死間(しかん)
ときには犠牲とひきかえにする

生間(せいかん)
情報を誰にも知られずに自らで持ち帰る

スパイに秘密を守らせよう

用間篇❺

書き下し文

三軍の事の間より親しきはなく、賞の間より厚きはなく、事の間より密なるはなし

スパイとうまく付き合う

孫子によると、「親密・厚遇・秘密」の３つがスパイ活動のキーワードです。

親密とはスパイと仲良くすることです。スパイとの友好関係が築けなければ、いつ裏切られるかわからず、危険です。

孫課長は、愛子や古賀、薄井、さらには清掃員のおばさんなど、スパイとして役立ちそうな人たちと仲良くしています。

厚遇とはインセンティブをケチらないこと。

原文の翻訳

全軍の中で、スパイはほど親密にすべきであり、高給にすべきであり、秘密にすべきであるポストはない

協力することで利益やメリットがなければ、スパイもやる気をなくしてしまいます。

孫課長は、愛子にはごちそうする、古賀には救いの手を差し伸べる、薄井には出世の道を用意するなど、それ相応のインセンティブを与えています。

情報漏洩は刑に値する

秘密はこちらがスパイ活動をしていることを敵に知られないようにすること。スパイの存在を知られれば、敵も警戒するようになるので、

スパイ活動も難しくなります。ですから、スパイ活動に秘密は不可欠です。

孫子はスパイに対する厳しさも求めています。**「スパイが秘密をもらしたら、秘密を知った者も、漏らしたスパイも、ともに処刑せよ」**と説いています。機密情報を扱う者はそれくらいの心構えをもって、任務をまっとうする義務があるということです。

このシーンに注目!

愛子はスパイとして、孫課長との秘密を必要以上には話せないということを、マサルたちにも伝えます。

スパイを操るときの3つのコツ

スパイと深い信頼関係を築くためのコツとして、「孫子の教え」では次の3つが大切と説かれています。

スパイと仲良くする

親密な関係になり、人として心を通わせる仲になりましょう。そうすれば裏切られることも少なくなります。

スパイを厚遇する

スパイには手厚い恩賞を与えましょう。多少の犠牲を払ってでも物や金という形で、報酬を与えることも必要です。

スパイ活動を秘密にする

スパイがスパイであることを、周囲に知られないように守るのも努め。存在を徹底的に隠してこそ、情報を入手できるのです。

スパイを大切にしよう

用間篇❻

書き下し文

聖智に非ざれば間を用いるあたわず。仁義に非ざれば間を使うあたわず。微妙に非ざれば間の実を得るあたわず

原文の翻訳

優れた知恵のある人でなければ、スパイをよく用いることができない。人情と義理のある人でなければ、スパイをよく使うことができない。繊細な人でなければ、スパイのもたらした情報の真偽をよく判断できない。

スパイを使いこなす

愛子は孫課長を、「頭がキレて、優しくて、気配りもできる」と評価しています。孫課長がスパイに信頼されていることがわかります。

孫課長のようにスパイをうまく使いこなすには、どんなことに気をつければよいのでしょうか。

孫子によると、スパイを使いこなすために必要なことも3つあります。それは「**知恵・良心・配慮**」の3つです。

このシーンに注目！

愛子の評価が高いことから、孫課長が愛子を、信頼のおける大切な人材として扱っていることがわかります。

スパイ活動は難しいものです。普段から兵法を学ぶなど、必要な知恵を身につけているからこそ、スパイ活動も成功するでしょう。

スパイ活動にも必要な心配り

良心的でない人は慕われません。スパイから嫌われれば、裏切られてしまうでしょう。

孫課長は良心的です。課員が薄井の悪口を言っても、薄井をかばい、同調しませんでした（▼2章）。また、ライバルから嫌がらせをされたときも、復讐を考えることすらしていません（▼5章）。

配慮とは、人の心の動きを感じ取る繊細さのことでもあります。スパイが裏切ることもあるかもしれません。そのとき、ちょっとしたことに気づける繊細さがあるからこそ、スパイが嘘をついても、それを見抜けるわけです。

スパイを扱うときのポイント

スパイを扱うには、それなりのコツが必要です。スパイとの信頼と友好関係を築いてこそ、確実な情報を得ることができるのです。

スパイに欺かれない

有能なスパイから浅はかな人間に見られないよう、自らも知恵をつける努力をしましょう。

スパイに慕われる

好感をもつ人のためには、頑張りたいと思うもの。思いやりと正義感で、心をつかみましょう。

スパイの本心を見抜く

人の心の変化を繊細に感じられる人になりましょう。そうすればスパイにもだまされません。

相手について知っておこう

用間篇⑦

書き下し文

必ず其の守将、左右、謁者、門者、舎人の姓名を知り、吾が間をして必ず索めて知らしむ

原文の翻訳

（撃破したい人などがいるなら）必ずそれを守る将軍、側近、案内係、門番、雑用係などの姓名を先に知り、それらの人物についてスパイに調べさせて知らせさせる。

孫子流スパイ活動

スパイ活動を行うにあたって、孫子は次のことをアドバイスしています。

ひとつ目は「**秘密を守ること**（▼P.272）」。

2つ目は「**スパイしたい相手について、その周辺にいる人物を調べること**」です。孫課長は、人事関係者と親しい社員と交流をはかります。日ごろから社内のいろいろな人と顔見知りである孫課長は、相手に探りを入れられていると いう警戒心をもたれることもなく、スムーズにスパイ活動を行います。

3つ目は「**敵のスパイを利用すること**」。近づいてきた人が敵のスパイなら、敵のことをよく知っているはずです。それを逆手にとり、敵の探りを入れるために利用してしまうのです。

味方を見つける

たとえば、組織のなかでも立場の弱い人は、味方につけやすいでしょう。普段まわりから軽視されがちなので、声をかけられて協力を求められれば、すぐに味方になってくれるはずです。

そうして少しずつ人脈を広げていき、人から慕われる存在として名を広めれば、敵対勢力のなかにも寝返る人物が現れるかもしれません。
また「敵に味方あり」ともいうように、敵対勢力のなかにも、こちらに同情的な人がいるものです。そうした人を見つけて、味方につけるのです。

有益な情報はどこから得られるかわからないもの。孫課長は社内のいろいろな人と話す機会を積極的にもちます。

スパイ活動の3つの極意

スパイ活動を行うときに、心得ておくべきポイントは次の3つです。

①情報セキュリティーを強化する
有益な情報ほど、他者に知られてはなりません。得るだけでなくそれを隠しておくことも重要です。

②敵のまわりから調べる
敵に直接接触するのではなく、まず関わりのある人などから情報を集めましょう。

③まずは敵のスパイを利用する
敵のスパイは逆に利用して、探りをいれましょう。わざと情報を漏らして、情報を操作するのも策です。

↓

これでまちがいなし

優れた人材をスパイにする
スパイには、信頼できる人を選ぶことが鉄則。もっとも有能だと思う人材こそ、スパイに適役です。

社内政治に勝つ

スパイの活用 実践テク

孫課長は愛子や薄井をはじめとしたスパイを使って、情報を集めていました。出世につながるように情報網を扱うには、どうしたらよいのでしょうか。

新聞・ニュース記事を読もう

あらゆる情報をすべて入手することは不可能。情報のなかから重要なことだけをかぎわける嗅覚を鍛えなければなりません。まずは新聞を毎日読むことを習慣づけましょう。情報感度が鍛えられ、世の中の動きにも敏感になります。

情報のキーパーソンを見つけよう

情報戦を制するには、キーパーソンを見つけることがもっとも重要になります。価値の高い情報を得られ、秘密を厳守できる人を味方につけるのです。人事関係者が好ましいですが、各部署で有力者の片腕とうわさされる人物も狙い目です。

情報を発信しよう

人は利益で動くものです。多くの情報を得るには、こちらもそれに見合った情報や対価を提供しなければなりません。こちらがたくさん提供すれば、それを求めて人が集まり、結果的にその人たちから多くの情報を得ることができます。

エピローグ

孫武副部長

あの人は本物の孫武将軍だったのかもしれない…

酒に飲まれちゃいかんよ
孫課長っていつのまにか敵がいなくなってるよな
もう敵なんていないんじゃないのか？

さすが課長！
兵法の基本！

この間　外で
営業一課の課長と
孫課長が
話してるのを
見かけましたよ
ひそ
営業部
だけじゃない
企画部とも…
おはよー
のむ？
なんですか
それ？
ひそ
孫課長って
いつのまにか敵が
いなくなってるよな
もう
敵なんて
いないんじゃ
ないのか？
しかも
オレたちが
課長のてのひらの上で
転がされてるうちに…
ころっ
ころっ
前年比120％
目標比108％
達成
売上目標
100
おととし
昨年
今年
やったね！
さすが課長！

…で　必然的に
副部長に
なりました！
最年少の
副部長
だって
さすが
です！
課長の出世は
オレたちに
とっても
いいことだろ
あんまり
恩恵があると
思えない
けどな～
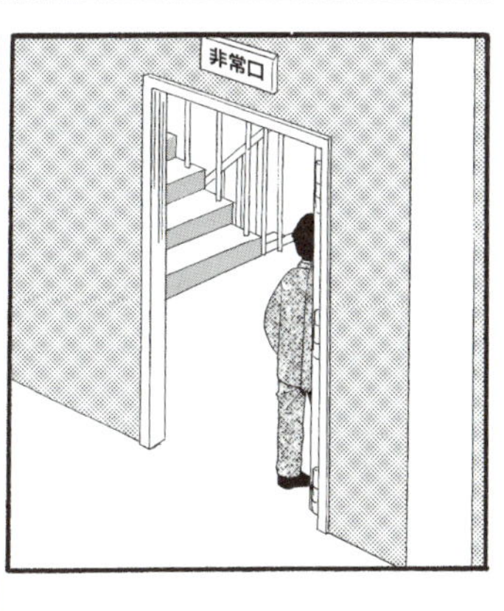
非常口

おめでとう
ございます
ありがとう
今のオレがあるのは
おまえのおかげだよ

とんでもない
いやいや
この間の商品情報とか
まわりは気付いてないけど
おまえはすごい能力をもってるよ
スクアイの!
こそっ
あ 例の
いえ
営業に向いてない私にも役に立つことがある
そう気付かせてくれた課長のおかげです
これからもよろしくな
はい!
こちらこそよろしくお願いします
やる。
ありがとうございます。
で 実はまた極秘で相談があるんだが…
なんでしょう?
ぼそ
ぼそ
ぼそ

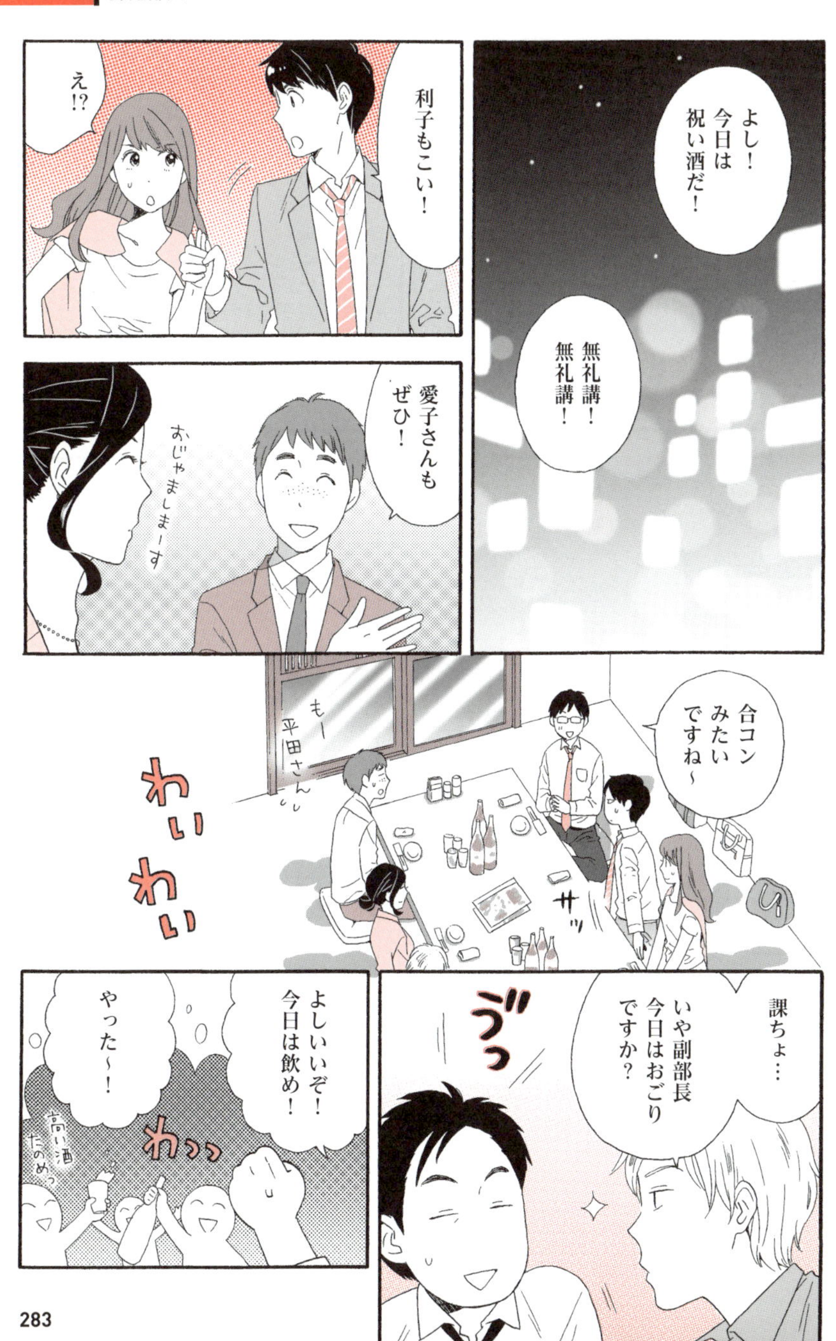
よし！
今日は
祝い酒だ！
無礼講！
無礼講！
利子もこい！
え!?
愛子さんも
ぜひ！
おじゃましまーす
合コン
みたいですね～
もー
平田さん
わいわい
サッ
課ちょ…
いや副部長
今日はおごり
ですか？
うっ
よしいいぞ！
今日は飲め！
やった～！
わっっ
高い酒
たのめっ

兵士には成果に見合った報酬を与えないとな
ボソッ
そうそう
士気にかかわりますからね!
ずいっ
なんだそれ
兵法の基本!
詳しいね!
なんだかんだ思い通りに事を運んでる
すごいなー
彼女ほしー
あははは
いつもそれだし
本当に孫武なんじゃないかしら
はあ?

マサル！
同じ方向なんだからちゃんと送り届けろよ
うい〜
も〜
しっかりしてくださいよ〜
こんなになるまで飲むなんてよっぽど嬉しかったのかな
オレは…
ぼそっ
15年前に部下を戦場に置き去りにしてきた
不慮のこととはいえ生死を共にした仲間を見殺しにしたようなものだ

え？
こんな思いは
二度とごめんだ
だから
オレはこれからも
部下を守り
組織を守り続ける
そのためにも
上を目指す…
ブオォ…
さっきのは
どういう意味
なんだろう？
本当に
孫武だったり
してね
バカバカしい

課長…じゃない
副部長着きましたよ
おもっ…
う…ん

すかー
このままじゃ風邪引いちゃうな
ガララ…
布団どこだろう？

コスプレ衣装…？
ぐらっ…
ガシャ
うわ重っ！
何これ本物？
ずしっ
ぐおお…

う〜ん…
どうしたの？
いや
利子が
言った通り
だった
あの人は本物の
孫武将軍だったの
かもしれない…
え？
本気に
してるの？
だってオレ
昨日
見たんだよ！
酔って
たんじゃない？
朝から
仲がいいいな
ギクッ
で　何を
見たって？
あ　いや
酒に飲まれちゃ
いかんよ
ははははは
で…すよね〜

あなたは
当てはまって
いませんか？

出世しづらい
9つのタイプ

サラリーマンなら、誰でも出世したいと思うもの。
頑張っているのに…、うまくいっているはずなのに…、
「自分がなぜ出世できないのかわからない」と
悩んでいる人も多いでしょう。
出世できない人には、必ず理由があります。
ここではその代表的なタイプを９人の例で紹介し、
その改善策をアドバイスしています。

ここで出てくる9人のタイプ

TYPE 1 頼られることが生きがい

➔P.292へ

TYPE 2 熱い夢を胸に抱く情熱家

➔P.294へ

TYPE 3 100%を求める完璧主義者

➔P.296へ

TYPE 4 何でもそつなくこなす器用貧乏

➔P.298へ

TYPE 5 ごますり上手な八方美人

➔P.300へ

TYPE 6 手抜きを知らない頑張り屋

➔P.302へ

TYPE 7 主張をしない事なかれ主義者

➔P.304へ

TYPE 8 安全第一の正論信者

➔P.306へ

TYPE 9 幹事はお任せ！宴会部長

➔P.308へ

頼られることが生きがい

便利屋になり、チャンスを逃してしまう

頼られる快感に満足してしまう危険

ビジネス社会において「頼りになる人」は、仕事のできる人と、同義に扱われがちです。部下に頼られ、上司からもあてにされる人は、職場になくてはならない存在だからです。

しかし、だからといって、頼りになる人がみな出世するわけではありません。頼りになる人のなかには、頼られること自体が生きがいになってしまっている人がいます。頼りにされ、感謝され、称（たた）えられることは快感です。すると、いつの間にかそうした快感を得られるだけの役回りに満足してしまうのです。

頼られただけではリーダーシップをとれない

そもそも「頼られる」とは、周囲から「求めることを実現してほしい」と期待されることです。これだけではリーダーシップをとっていることにはならないでしょう。むしろまわりにうまく利用されているともいえるのです。

上司は、自分の右腕となってくれる人を頼って、いつまでもそばに置いておきたがるものです。上司が出世すれば、それなりのポジションに上がることはできるでしょう。しかし、さらにその上へ行けるかというと、その保証はありません。自力で成功したいのなら、目標を高くもち、頼られる心地よさから卒業しなければなりません。

組織人として、人の役に立つ存在になることは大切です。しかし、それで十分だと思った瞬間、「仕事ができるのに出世しない道」へ迷い込んでしまうことに気付きましょう。

まとめ

頼られて人の役に立つことだけで満足してはいけない。人を使う立場になること目指そう。

熱い夢を胸に抱く情熱家

TYPE 2

ひとりよがりは、敵をつくってしまう

押しつけは敵をつくる

熱い夢とビジョンをもち、アイデアもあり、自分の信念に従って、仕事に邁進(まいしん)する。そんな情熱家は意外にも出世しづらいタイプです。

自説を主張し、同僚たちを論破することは、多かれ少なかれ、周囲との不協和音を生みます。仮に自説が正解で、主張したビジネスに成功したとしても、論破されて敗北感や押しつけられた意識をもった人たちは、敵に回ってしまうでしょう。そうなると、組織の活力はそがれ、その代償をビジネスの成功でうめることはできません。

夢の大成功は滅多にない

もちろん、圧倒的な力で周囲を納得させる人もいます。アップル社の創業者スティーブ・ジョブズや、フェイスブックの創始者マーク・ザッカーバーグらがその例です。情熱が彼らほどの大成功につながれば、なぎ倒された周囲も、納得がいくかもしれません。しかし、これはごくまれなケースといえるでしょう。

情熱家のなかには、「ひとりよがりの考え」をもつ人もいます。そういう人は言わずもがな、成功しづらいでしょう。なぜなら、自分ひとりで練った考えには、盲点が必ず潜んでいるということに、本人が気付いていないからです。そういう人の意見には説得力がなく、人がついてこないのです。

自分の考えの盲点に気付くために、まわりの意見も聞いてみることも大切です。

まとめ

熱意をかわれる成功者は少数。自説を押しつけようとせず、人の意見にも耳を貸そう。

100%を求める完璧主義者

TYPE 3

厳しすぎると仲間を失ってしまう

高すぎる要求は意欲をそぐ

「適当」「妥協」「あきらめ」を嫌い、常に理想に向かい突き進む。そんな完璧主義者も、残念ながら出世しづらいタイプに分類されます。

仕事をするからには、質を高め、理想を追うのは当然です。そのために、自分を厳しく律し、努力するのも当たり前といえるでしょう。

しかし、完璧主義者は、自分に厳しいだけでなく、往々にして、周囲にも厳しく接しがちです。発破をかけ、要求は高めに設定し、部下を管理します。そして結果を重視して、目標に届かないときには、責任をとらせることもあるでしょう。ところがこうなると、軋轢（あつれき）が生じ、組織はぎくしゃくしてきます。

自分に厳しいだけでよい

職場には、優秀な人ばかりがいるわけではありません。しかし、頑張ってよい仕事をしたいという気持ちは、誰もがもっているものです。その気持ちを否定されたり、能力を超える要求をされたりすれば、途端に意欲はそがれてしまうものなのです。

意欲がなくなれば、多数の人は仲間をつくり、完璧主義者の悪口を言ったり対抗したりすることもあるでしょう。最善を尽くそうとした結果、うまく仕事が回らなくなったのでは、出世はおぼつきません。

もしあなたが完璧主義者であるなら、自分に厳しくあるだけでよいのです。寛大に振る舞うことで、周囲も意欲をもってくれるでしょう。そんなあなたを周囲はちゃんと見ています。

まとめ

結果や理想を求めすぎないことが大切。人に対しては寛大な心をもとう。

何でもそつなくこなす器用貧乏

TYPE 4

オンリーワンになれずに伸び悩んでしまう

スーパーマンの実態

博識で、考え方も柔軟、人が求めていることを的確に理解し、立ちどころにしてしまう人がいます。何でもできるスーパーマンのような人です。ところがこのスーパーマンは、あまり出世していないのが現実です。

スーパーマンのように物事をそつなくこなす人は、人が悩んでいる間に苦労なくできてしまうために驚嘆されますが、でき映えが評価されているわけではありません。所詮（しょせん）、即席で対応できたレベルのもの。他の人でも時間をかければ到達できるものであることが多いのです。

専門性を深める

そつなくこなす人は、会社に変革があったときには、力を発揮します。事業部が統合されたり、新事業が始まったりしたときなどは、新ポジションにつき、器用に仕事をこなすでしょう。そういう点で、会社からは重宝がられます。

そしてまた新部署ができれば、そちらへ異動し、期待に次々応えていきますが、いつの間にか、出世からは遠ざかってしまうのです。

不思議なもので、何でもできる人よりも、得意なものがひとつだけのオンリーワンのほうが、その分野において頼りにされやすくなります。すると特定の部署に長くいることになり、さらにスキルが蓄積され、リーダーへと出世しやすいのです。

何でもできるのは、卓越した能力ですが、今後はひとつの仕事の専門性を深めるほうに、能力を活かしてみるとよいでしょう。

まとめ

能力があっても印象に残らなければ意味がない。何かひとつで、目立てる存在になろう。

ごますり上手な八方美人

TYPE 5

味方にしたい人からの信頼を失ってしまう

味方の多い人が出世する

会社の同僚たちは、家族よりも長い時間一緒にいる、いわば共同生活者といえます。みんなとうまくやっていくために、誰からも嫌われないようにしたいと思うのは当然です。

しかし嫌われたくないからといって、自分を偽ったり、相手におもねったりするのでは、ごますり上手といわれても仕方ありません。八方美人は、嫌われないかもしれませんが、その代わり信頼を失います。一度信頼を失った人は、なかなか出世できません。

出世に必要なのは、嫌われないことや、敵が少ないことではなく、味方が多いことです。敵が少ないに越したことはありませんが、それよりも、信頼のおける味方がひとりでも多くいることのほうが、よっぽど大事です。そのためには、まず自分自身が人から信頼される人間になることが重要です。

信頼される人になる

共同生活のなかでは、ついゴシップに花が咲きがちです。その場にいない人の話をして盛り上がり、いる人どうしで結束を固めた気になるのは、よくあることです。しかしゴシップでは真の信頼は生まれません。関わり方によっては、信頼を落とすことになる可能性もあります。

職場で信頼される人とは、口の堅い人です。出世して、会社を背負う人物は、口の軽い人では務まりません。

信頼される人になり、信頼できる味方をつくるように心がけましょう。

まとめ

嫌われることを恐れると、敵も味方もつくれない。まずは信頼できる味方を見つけよう。

手抜きを知らない頑張り屋

TYPE 6

いつも全力疾走では息が詰まってしまう

手を抜ける人は仕事ができる

ただひたすら頑張る人がいます。どんな仕事にも手を抜かず、全力で取り組みます。ビジネスマンのお手本のように見えますが、はたしてそうでしょうか。

仕事に全力で取り組むのはよいことです。しかし、精魂を傾けた仕事ぶりは、上層部からは、ゆとりがないとも見られてしまいます。

対して、手を抜けるところは抜き、なるべく効率よく仕事をしようとしている人は、むしろ余力があるように見られ、新しいチャンスを与えられやすくなるのです。

成熟した現代のビジネス社会では、もはや汗や努力だけでは評価されなくなってきています。短い労働時間で最大の結果を出すことが大事なのです。今の時代、仕事ができる人とは、上手に手を抜ける人といってもよいでしょう。

また、早く楽に仕事をすると、節約できた時間とエネルギーを、別の新しい仕事へのチャレンジに向けることもできます。上手に手を抜くことで、チャンスの幅も広がるのです。

最小の努力で最大の成果

まず仕事に取り組む前に、効率よく進められる仕事のやり方をデザインしてみましょう。得意分野をもった仲間の協力を得るのもよいでしょう。

一の努力で十の成果を上げることは、十の努力で十の成果を上げることよりも、十倍の価値があることを知りましょう。出世するのは、前者を実行できる人なのです。

まとめ

仕事を始める前に、どうすれば楽に進められるかを考えてみよう。

主張をしない事なかれ主義者

TYPE 7

「いなくても同じ」と見なされてしまう

実は主張をしていない人たち

会議で意見を求められたとき、現状の論点を整理し、問題点を明確にしてくれる人がいます。その人が、たとえば「ポイントは、この2つの考え方のどちらを選ぶかです」と締めくくると、聞いているほうはなるほどと思い、改めて2つの考え方について議論が始まります。

ところでよく考えると、この人は議題を分析しただけで、意見を言っているわけではありません。社内にはこのように、分析や評論に徹している人がいます。自分で選択や決断をしないのです。

常に客観的な視点をもち、多角的な論評ができることは大切です。冷静で思慮深い印象を周囲に与えます。しかし実は、こうした人たちは、自分の意見やアイデアに自信がなく、発言を批判されることを恐れていることが多いのです。

意見を言って成長する

出世する人に、自分の意見を言わない人はいません。幼稚な考えと言われようが、笑われようが、新人のころから自分の考えを発表し続けることで、主張する力が養われていくのです。

また、会議で「○○さんと同じです」と言う人や、多数決のとき、まわりを見て挙手する人からは意見も主張も伝わってきません。こうしたタイプは出世しづらいでしょう。

批判されても、失敗しても、そこから学べばよいのです。決断から逃げ回っているかぎり、失敗がない代わりに成功もないし、もちろん出世もありません。

まとめ
身を守ることだけを考えていてはいけない。批判を恐れず、どんどん意見を言ってみよう。

安全第一の正論信者

TYPE 8

誰もついてこなくなってしまう

常識的な結論はワクワクしない

「その方法は一度やったことがあり、うまくいった。今回もそれでいこう」「その方法は一度やったことがあるので、今度はこうしてみよう。もっとうまくいくかもしれない」

あなたは、どちらの仕事をしてみたいと思いますか。

前者は常識的な考え方で、周囲は安心します。失敗のリスクも苦労も少なそうです。でも、気持ちはワクワクするでしょうか。反対に後者は、失敗も苦労もあるかもしれませんが、退屈はしないでしょう。

前者と後者で、出世しづらいタイプは、察しの通り、前者です。正論や前例だけで組織が動くのであれば、リーダーは不要です。それでは若い人たちも育ちません。組織を活性化させる人がリーダーとして求められ、出世していくのです。

正しさよりもおもしろさ

そもそも人間は、正論だけではなかなか動きません。正しいことは誰が考えても正しいから、魅力に乏しいのです。会議でも、リーダーが正論ばかりを追い求めていると、メンバーのやる気は次第に低下していってしまいます。

それよりも、たまにはメンバーが驚くような舵取りをしてみたいものです。「本当にそれでいくのですか？」と言われるような案です。

もちろん、きちんとした調査や裏付けも必要です。ただ、最終的な判断の場面では、正しさよりおもしろさを優先してみてはどうでしょうか。

まとめ

模範解答は、メンバーのやる気に水を差すことも。仕事を楽しむ姿勢をもとう。

幹事はお任せ！ 宴会部長

潤滑油にはなるがリーダーにはなれない

宴会部長だけでは出世しない

職場の懇親会や社内行事で、幹事を上手にこなす人がいます。いわゆる宴会部長です。出しものの企画力に長け、気配りもできます。他部署との交流で横のつながりも増えるため、社内事情にも詳しくなります。しかし、だからといって出世するかというと、実はそうでもないのです。あなたの職場ではどうでしょうか。

宴会部長は、とかく補佐的な立場に見られがちです。リーダーならぬサブリーダーのイメージが、上層部にも部下たちにも定着してしまいます。すると、それが出世の妨げになる場合があるのです。

また、社内行事の幹事をこなすには、それなりの時間とエネルギーを要します。その分、通常業務にしわ寄せがくるのは否めないでしょう。宴会部長をこなす能力があるからといって、出世できるとはいえません。

人脈づくりには有効

「社内行事の幹事」と出世とが両立しないといっているのではありません。その役回りから、幅広い人脈を築くことができます。これは出世にも役立ちます。

しかし、社内行事や宴会はビジネスとは無関係のもの。人事関係者が実際にリーダーを選ぶことになった場合、仕事の功績があるほうを選ぶのは、至極当然のことでしょう。

「宴会部長」は宴会のときだけと割り切り、通常業務では信頼される人間を目指し、リーダーシップを発揮しましょう。

まとめ

人脈づくりは大切だが、エネルギーの注ぎすぎには要注意。本来の力は仕事で発揮しよう。

孫子の兵法　全文書き下し文

始計篇　▼1章

孫子曰わく、①兵とは国の大事なり、死生の地、存亡の地、察せらるべからざるなり。48ページ故に②これを経るに五事を以てし50ページ、これを校ぶるに③計を以てして、其の情を索む。52ページ

一に曰わく道、二に曰わく天、三に曰わく地、四に曰わく将、五に曰わく法なり。道とは民をして上と意を同じくせしむる者なり。故にこれと死すべくこれと生くべくして、危わざるなり。天とは、陰陽・寒暑・時制なり。地とは遠近・検易・広狭・死生なり。将とは、智・信・仁・勇・厳なり。法とは、曲制・官道・主用なり。凡そ此の五者は、将は聞かざること莫きも、これを知る者は勝ち、知らざる者は勝たず。

故にこれを校ぶるに計を以てして、其の情を索む。曰わく、主　孰れか有動なる、将　孰れか有能なる、天地　孰れか得たる、法令　孰れか行わる、兵衆　孰れか強き、士卒　孰れか練いたる、賞罰　孰れか明らかなると。吾れこ此れを以て勝負を知る。

将　吾が計を聴くときは、これを用うれば必ず勝つ、これを留めん。将　吾が計を聴かざるときは、これを用うれば必ず敗る、これを去らん。④計、利として聴かるれば、乃ちこれが勢を為して、以て其の外を佐く。54ページ勢とは利に因りて権を制するなり。

⑤兵とは詭道なり。56ページ故に、⑥能なるもこれに不能を示し、用なるもこれ不用を示し58ページ、近くともこれに遠きを示し、遠くともこれに近きを示し、⑦利にしてこれを誘い、乱にしてこれを取り60ページ、実にしてこれに備え、強にしてこれを避け、怒にしてこれを撓し、卑にしてこれを驕らせ、佚にしてこれを労し、親にしてこれを離す。⑧其の無備を攻め、其の不意に出ず。62ページ此れ兵家の勢、先きには伝うべからざるなり。

夫れ未だ戦わずして廟算して勝つ者は、算を得ること多ければなり。未だ戦わずして廟算して勝たざる者は、算を得ること少なければなり。⑨算多きは勝ち、算少なきは勝たず。而るを況んや算なきに於いてをや。64ページ吾れ此れを以てこれを観るに、勝負見わる。

作戦篇　▼1章

孫子曰わく、凡そ用兵の法は、馳車千駟・革車千乗・帯甲十万、千里にして糧を饋るときは、則ち内外の費・賓客の用・膠漆の材・車甲の奉、日に千金を費して、然る後に十万の師挙がる。其の戦いを用なうや久しければ則ち兵を鈍らせ鋭を挫く。城を攻むれば則ち力屈き、久しく師を暴さば則ち国用足らず。

夫れ①兵を鈍らせ鋭を挫き、力を屈くし貨を殫くす66ページときは、則ち諸侯其の弊に乗じて起こる。智者ありと雖も、其の後を善くすること能わず。②故に兵は拙速なるを聞くも、未だ巧久なるを睹ざるなり。68ページ夫れ兵久しくして国の利する者は、未だこれ有らざるなり。故に尽ゝく用兵の害を知らざる者は、則ち尽ゝく用兵の利をも知ること能わざるなり。

善く兵を用うる者は、役は再びは籍せず、糧は三たびは載せず。用を国に取り、糧を敵に因る。故に軍食足るべきなり。国の師に貧なるは、遠き者に遠く輸せばなり。遠き者に遠く輸さば則ち百姓貧し。近師なるときは貴売す。貴売すれば則ち百姓は財竭く。財竭くれば則ち丘役に急にして、力は中原に屈き用は家に虚しく、百姓の費、十に其の七を去る。公家の費、破車罷馬、甲冑弓矢、戟楯矛櫓、丘牛大車、十に其の六を去る。故に③智将は務めて敵に食む。70ページ敵の一鍾を食むは、吾が二十鍾に当たり、萁秆一石は、吾が二十

石に当たる。

故に敵を殺す者は怒なり。敵の貨を取る者は利なり。故に車戦に車十乗已上を得れば、其の先ず得たる者を賞し、而して其の旌旗を更め、車は雑えてこれに乗らしめ、卒は善くしてこれを養わしむ。是れを敵に勝ちて強を益すと謂う。

故に兵は勝つことを貴ぶ。久しきを貴ばず。故に兵を知るの将は、民の司命、国家安危の主なり。

謀攻篇 ▼5章

孫子曰わく、凡そ用兵の法は、①**国を全うするを上と為し、国を破るはこれに次ぐ。**216ページ軍を全うするを上と為し、軍を破るはこれに次ぐ。旅を全うするを上と為し、旅を破るはこれに次ぐ。卒を全うするを上と為し、卒を破るはこれに次ぐ。伍を全うするを上と為し、伍を破るはこれに次ぐ。是の故に百戦百勝は善の善なる者に非ざるなり。戦わずして人の兵を屈するは善の善なるものなり。

故に②**上兵は謀を伐つ。其の次ぎは交を伐つ。其の次ぎは兵を伐つ。其の下は城を攻む。**218ページ攻城の法は已むを得ざるが為めなり。櫓・轒轀を修め、機械を具うること、三月にして後に成る。距闉又た三月にして後に已わる。将 其の忿りに勝えずしてこれに蟻附すれば、士卒の三分の一を殺して而も城の抜けざるは、此れ攻の災なり。

故に善く兵を用うる者は、人の兵を屈するも而も戦うに非ざるなり。人の城を抜くも而も攻むるに非ざるなり。人の国を毀るも而も久しきに非ざるなり。必ず全きを以て天下に争う。故に兵頓れずして利全くすべし。此れ謀攻の法なり。

故に③**用兵の法は、十なれば則ちこれを囲み、**220ページ五なれば則ちこれを攻め、倍すれば則ちこれを分かち、敵すれば則ち能くこれと戦い、少なければ則ち能くこれを逃れ、若かざれば則ち能くこれを避く。故に小敵の堅は大敵の擒なり。

夫れ将は国の輔なり。輔 周なれば則ち国必ず強く、輔 隙あれば則ち国必ず弱し。故に君の軍に患うる所以の者には三あり。軍の進むべからざるを知らずして、これに進めと謂い、軍の退くべからざるを知らずして、これに退けと謂う。是れを軍を縻すと謂う、三軍の事を知らずして三軍の政を同じうすれば、則ち軍士惑う。三軍の権を知らずして三軍の任を同じうすれば、則ち軍士疑う。三軍既に疑い且つ疑うときは、則ち諸侯の難至る。是れを軍を乱して勝を引くと謂う。

故に勝を知るに五あり。戦うべきと戦うべからざるとを知る者は勝つ。上下の欲を同じうする者は勝つ。衆寡の用を識る者は勝つ。虞を以て不虞を待つ者は勝つ。将の能にして君の御せざる者は勝つ。此の五者は勝を知るの道なり。故に曰わく、彼れを知りて己れを知れば、百戦して殆うからず。彼れを知らずして己れを知れば、一勝一負す。④**彼れを知らず己れを知らざれば、戦う毎に必ず殆うし。**

222ページ

軍形篇 ▼5章

孫子曰わく、昔の善く戦う者は、先ず勝つべからざるを為して、以て敵の勝つべきを待つ。勝つべからざるは己れに在るも、勝つべきは敵に在り。故に善く戦う者は、能く勝つべからざるを為すも、敵をして勝つべからしむること能わず。故に曰わく、勝は知るべし、而して為すべからずと。

勝つべからざる者は守なり。勝つべき者は攻なり。守は則ち足らざればなり、攻は則ち余り有ればなり。①**善く守る者は九地の下に蔵れ、善く攻むる者は九天の上に動く。**

224ページ 故に能く自ら保ちて勝を全うするなり。

勝を見ること衆人の知る所に過ぎざるは、善の善なる者に非ざるなり。戦い勝ちて天下善なりと曰うは、善の善なる者に非ざるなり。故に秋毫を挙ぐるは多力と為さず。日月を見るは明目と為さず。雷霆を聞くは聡耳と為さず。古えの所謂善く戦う者は、勝ち易きに勝つ者なり。故に②**善く戦う者の勝つや、智名も無く、勇攻も無し。** 226ページ 故に其の戦いに勝ちて忒わず。忒わざる者は、其の勝を措く所、已に敗るる者に勝てばなり。

故に善く戦う者は不敗の地に立ち、而して敵の敗を失わざるなり。是の故に勝兵は先ず勝ちて而る後に戦いを求め、敗兵は先ず戦いて而る後に勝を求む。

善く兵を用うる者は、道を修めて法を保つ。故に能く勝敗の政を為す。

兵法は、一に曰わく度、二に曰わく量、三に曰わく数、四に曰わく称、五に曰わく勝。③**地は度を生じ、度は量を生じ、量は数を生じ、数は称を生じ、称は勝を生ず。** 228ページ 故に勝兵は鎰を以て銖を称るが若く、敗兵は銖を以て鎰を称るが若し。

勝者の民を戦わしむるや、積水を千仞の谿に決するが若き者は、形なり。

兵勢篇 ▼5章

孫子曰わく、凡そ①**衆を治むること寡を治むるが如くなるは、分数是れなり。** 230ページ 衆を闘わしむること寡を闘わしむるが如くなるは、形名是れなり。三軍の衆、畢く敵に受えて敗なからしむべき者は、奇正是れなり。兵の加うる所、碫を以て卵に投ずるが如くなる者は、虚実是れなり。

②**凡そ戦いは、正を以て合い、奇を以て勝つ。** 232ページ 故に善く奇を出だす者は、窮まり無きこと天地の如く、竭きざること江河の如し。

終わりて復た始まるは、四時是れなり。死して復た生ずるは、日月是れなり。声は五に過ぎざるも、五声の変は勝げて聴くべからざるなり。色は五に過ぎざるも、五色の変は勝げて観るべからざるなり。味は五に過ぎざるも、五味の変は勝げて嘗むべからざるなり。戦勢は奇正に過ぎざるも、奇正の変は勝げて窮むべからざるなり。奇正の環りて相い生ずることは、環の端なきが如し。孰か能く是を窮めんや。

激水の疾くして石を漂すに至る者は勢なり。鷙鳥の撃ちて毀折に至る者は節なり。是の故に善く戦う者は、其の勢は険にして其の節は短なり。勢は弩を彍くが如く、節は機を発するが如し。

乱は治に生じ、怯は勇に生じ、弱は彊(強)に生ず。治乱は数なり。勇怯は勢なり。彊弱は形なり。

故に②**善く敵を動かす者は、これに形すれば敵必ずこれに従い、これに予うれば敵必ずこれを取る。** 234ページ 利を以てこれを動かし、詐を以てこれを待つ。

故に善く戦う者は、これを勢に求めて人に責めず、故に能く人を択びて勢に任ぜしむ。勢に任ずる者は、其の人を戦わしむるや木石を転ずるが如し。木石の性は、安ければ則ち静かに、危うければ則ち動き、方なれば則ち止まり、円なれば則ち行く。故に善く人を戦わしむるの勢い、円石を千仞の山に転ずるが如くなる者は、勢なり。

虚実篇 ▼3章

孫子曰わく、凡そ先きに戦地に処りて敵を

待つ者は佚し、後れて戦地に処りて戦いに趨く者は労す。**故に善く戦う者は、人を致して人に致されず。**① 136ページ

能く敵人をして自ら至らしむる者はこれを利すればなり。能く敵人をして至るを得ざらしむる者はこれを害すればなり。故に敵 佚すれば能くこれを労し、飽けば能くこれを饑えしめ、安んずれば能くこれを動かす。

其の必ず趨く所に出で、其の意わざる所に趨き② 138ページ、千里を行きて労れざる者は、無人の地を行けばなり。攻めて必ず取る者は、其の守らざる所を攻むればなり。守りて必ず固き者は、其の攻めざる所を守ればなり。故に善く攻むる者には、敵 其の守る所を知らず。善く守る者には、敵 其の攻むる所を知らず。微なるかな微なるかな、無形に至る。神なるかな神なるかな、無声に至る。故に能く敵の司命を為す。

進みて禦ぐべからざる者は、其の虚を衝けばなり。退きて追うべからざる者は、速かにして及ぶべからざればなり。故に我れ戦わんと欲すれば、敵 塁を高くし溝を深くすと雖も、我れと戦わざるを得ざる者は、其の必ず救う所を攻むればなり。我れ戦いを欲せざれば、地を画してこれを守るも、敵 我れと戦うことを得ざる者は、其の之く所に乖けばなり。

故に③**人を形せしめて我れに形無ければ、則ち我れは専まりて敵は分かる。** 140ページ 我れは専まりて一と為り敵は分かれて十と為らば、是れ十を以て其の一を攻むるなり。則ち我れは衆くして敵は寡なきなり。能く衆きを以て寡なきを撃てば、則ち吾が与に戦う所の者は約なり。吾が与に戦う所の地は知るべからず、知るべからざれば、則ち敵の備うる所の者多し。敵の備うる所の者多ければ、則ち吾が与に戦う所の者は寡なし。故に前に備うれば則ち後寡なく、後に備うれば則ち前寡なく、左に備うれば則ち右寡なく、右に備うれば則ち左寡なく、備えざる所なければ則ち寡なからざる所なし。

寡なき者は人に備うる者なればなり。衆き者は人をして己れに備えしむる者なればなり。故に戦いの地を知り戦いの日を知れば、則ち千里にして会戦すべし。戦いの地を知らず、戦いの日を知らざれば、則ち左は右を救うこと能わず、右は左を救うこと能わず、前は後を救うこと能わず、後は前を救うこと能わず。而るを況んや遠き者は数十里、近き者は数里なるをや。吾れを以てこれを度るに、越人の兵は多しと雖も、亦た奚ぞ勝に益せんや。故に曰わく、勝は擅ままにすべきなりと。敵は衆しと雖も、闘い無からしむべし。

故に④**これを策りて得失の計を知り、これを作して動静の理を知り、これを形して死生の地を知り、之に角れて有余不足の処を知る。** 142ページ

故に兵を形すの極は、無形に至る。無形なれば、則ち深間も窺うこと能わず、智者も謀ること能わず。形に因りて勝を錯くも、衆は知ること能わず。人皆な我が勝の形を知るも、吾が勝を制する所以の形を知ること莫し。故に其の戦い勝つや復さずして、形に無窮に応ず。

夫れ兵の形は水に象る。⑤ 144ページ 水の行は高きを避けて下きに趨く。兵の形は実を避けて虚を撃つ。水は地に因りて行を制し、兵は敵に因りて勝を制す。故に兵に常勢なく、常形なし。能く敵に因りて変化して勝を取る者、これを神と謂う。故に五行に常勝なく、四時に常位なく、日に短長あり、月に死生あり。

軍争篇 ▼3章

孫子曰わく、凡そ用兵の法は、将 命を君より受け、軍を合し衆を聚め、和を交えて舎

まるに、軍争より難きは莫し。**軍争の難き**[①]**は、迂を以て直と為し、患を以て利と為す。**146ページ 故に其の途を迂にしてこれを誘うに利を以てし、人に後れて発して人に先きんじて至る。此れ迂直の計を知る者なり。**軍争**[②]**は利たり、軍争は危たり。**148ページ 軍を挙げて利を争えば則ち及ばず、軍を委てて利を争えば則ち輜重捐てらる。〔軍に輜重なければ則ち亡び、糧食なければ則ち亡び、委積なければ則ち亡ぶ。〕

是の故に、甲を巻きて趨り、日夜処らず、道を倍して兼行し、百里にして利を争うときは、則ち三将軍を擒にせらる。勁き者は先きだち、疲るる者は後れ、其の法 十にして一至る。五十里にして利を争うときは、則ち上将軍を蹶す。其の法 半ば至る。三十里にして利を争うときは、則ち三分の二至る。〔是れを以て軍争の難きを知る。〕

故に諸侯の謀を知らざる者は、預め交わること能わず。山林・険阻・沮沢の形を知らざる者は、軍を行ること能わず。郷導を用いざる者は、地の利を得ること能わず。

故に**兵**[③]**は詐を以て立ち、利を以て動き、分合を以て変を為す者なり。**150ページ 故に其の疾きことは風の如く、其の徐なることは林の如く、侵掠することは火の如く、知り難きことは陰の如く、動かざることは山の如く、動くことは雷の震うが如くにして、郷を掠むるには衆を分かち、地を廓むるには利を分かち、権を懸けて而して動く。迂直の計を先知する者は勝つ。此れ軍争の法なり。

軍政に曰わく、「言うとも相い聞こえず、故に金鼓を為る。視すとも相い見えず、故に旌旗を為る。」と。**是の故に昼戦に旌旗多く、夜戦に金鼓多し。**[④]**金鼓・旌旗なる者は人の耳目を一にする所以なり。**152ページ 人既に専一なれば、則ち勇者も独り進むことを得ず、怯者も独り退くことを得ず。〔紛紛紜紜、闘乱して乱るべからず、渾渾沌沌、形円くして敗るべからず。〕此れ衆を用うるの法なり。

故に三軍には気を奪うべく、将軍には心を奪うべし。是の故に朝の気は鋭、昼の気は惰、暮れの気は帰。故に善く兵を用うる者は、其の鋭気を避けて其の惰帰を撃つ。此れ気を治むる者なり。治を以て乱を待ち、静を以て譁を待つ。此れ心を治むる者なり。近きを以て遠きを待ち、佚を以て労を待ち、飽を以て飢を待つ。此れ力を治むる者なり。**正々の旗を**[⑤]**邀うること無く、堂々の陣を撃つこと勿し。**154ページ 此れ変を治むる者なり。

九変篇 ▼4章

孫子曰わく、凡そ用兵の法は、高陵には向かうこと勿かれ、背丘には逆(迎)うること勿かれ、絶地には留まること勿かれ、佯北には従うこと勿かれ、鋭卒には攻むること勿かれ、餌兵には食らうこと勿かれ、帰師には遏むること勿かれ、囲師には必ず闕(欠)き、窮寇には迫ること勿かれ。此れ用兵の法なり。

途に由らざる所あり。軍に撃たざる所あり。城に攻めざる所あり。地に争わざる所あり。君命に受けざる所あり。

故に将 九変の利に通ずる者は、用兵を知る。将 九変の利に通ぜざる者は、地形を知ると雖も、地の利を得ること能わず。**兵を治**[①]**めて九変の術を知らざる者は、五利を知ると雖も、人の用を得ること能わず。**178ページ

是の故に、**智者の慮は必ず利害に雑う。**[②]180ページ 利に雑りて而ち務めは信なるべきなり。害に雑りて而ち患いは解くべきなり。

是の故に、諸侯を屈する者は害を以てし、諸侯を役する者は業を以てし、諸侯を趨らす者は利を以てす。

故に用兵の法は、其の来たらざるを恃むこと無く、吾れの以て待つ有ることを恃むなり。其の攻めざるを恃むこと無く、吾が攻むべからざる所あるを恃むなり。

故に**将に五危あり。**③ 182ページ 必死は殺され、必生は虜にされ、忿速は侮られ、廉潔は辱しめられ、愛民は煩さる。凡そ此の五つの者は将の過ちなり、用兵の災なり。軍を覆し将を殺すは、必ず五危を以てす。察せざるべからざるなり。

行軍篇 ▼2章

孫子曰わく、凡そ**軍を処き敵を相ること。**① 94ページ 山を絶つには谷に依り、生を視て高きに処り、隆きに戦いては登ること無かれ。此れ山に処るの軍なり。水を絶てば必ず水に遠ざかり、客 水を絶ちて来たらば、これを水の内に迎うる勿く、半ば済らしめてこれを撃つは利なり。戦わんと欲する者は、水に附きて客を迎うること無かれ。生を視て高きに処り、水流を迎うること無かれ、此れ水上に処るの軍なり。

斥沢を絶つには、惟だ亟かに去って留まること無かれ。若し軍を斥沢の中に交うれば、必ず水草に依りて衆樹を背にせよ。此れ斥沢に処るの軍なり。平陸には易に処りて而して高きを右背にし、死を前にして生を後にせよ。此れ平陸に処るの軍なり。

②**凡そ此の四軍の利は、黄帝の四帝に勝ちし所以なり。** 96ページ

凡そ軍は高きを好みて下きを悪み、陽を貴びて陰を賤しみ、生を養いて実に処る。是れを必勝と謂い、軍に百疾なし。丘陵隄防には必ず其の陽に処りて而してこれを右背にす。此れ兵の利、地の助けなり。

上に雨ふりて水沫至らば、渉らんと欲する者は、其の定まるを待て。

凡そ地に絶澗・天井・天牢・天羅・天陥・天隙あらば、必ず亟かにこれを去りて、近づくこと勿かれ。吾れはこれに遠ざかり、敵にはこれに近づかしめよ。吾れはこれを迎え、敵にはこれに背せしめよ。

軍の旁に険阻・潢井・葭葦・山林・蘙薈ある者は、必ず謹んでこれを覆索せよ、此れ伏姦の処る所なり。

③**敵近くして静かなる者は其の険を恃むなり。** 96ページ 敵遠くして戦いを挑む者は人の進むを欲するなり。其の居る所の易なる者は利するなり。衆樹の動く者は来たるなり。衆草の障(蔽)多き者は疑なり。鳥の起つ者は伏なり。獣の駭く者は覆なり。塵高くして鋭き者は車の来たるなり。卑くして広き者は徒の来たるなり。散じて条達する者は樵採なり。少なくして往来する者は軍を営むなり。

辞の卑くして備えを益す者は進むなり。辞の強くして進駆する者は退くなり。軽車の先ず出でて其の側に居る者は陳するなり。約なくして和を請う者は謀なり。奔走して兵を陳ぬる者は期するなり。半進半退する者は誘うなり。

杖つきて立つ者は飢うるなり。汲みて先ず飲む者は渇するなり。利を見て進まざる者は労るるなり。鳥の集まる者は虚しきなり。夜呼ぶ者は恐るるなり。軍の擾るる者は将の重からざるなり。旌旗の動く者は乱るるなり。吏の怒る者は倦みたるなり。馬に粟して肉食し、軍に懸缻なくして其の舎に返らざる者は窮寇なり。

諄諄翕翕として徐に人と言る者は衆を失うなり。数々賞する者は窘しむなり。数々罰する者は困るるなり。先きに暴にして後に其の衆を畏るる者は不精の至りなり。来たりて委謝する者は休息を欲するなり。兵怒りて相い迎え、久しくして合わず、又た解き去らざ

るは、必ず謹しみてこれを察せよ。

④**兵は多きを益ありとするに非ざるなり。**100ページ惟だ武進すること無く、力を併わせて敵を料らば、以て人を取るに足らんのみ。夫れ惟だ慮り無くして敵を易る者は、必ず人に擒にせらる。

卒未だ親附せざるに而もこれを罰すれば、則ち服せず。服せざれば則ち用い難きなり。卒已に親附せるに而るも罰行なわざれば、則ち用うべからざるなり。⑤**故にこれを合するに文を以てし、これを斉うるに武を以てする**102ページ、是れを必取と謂う。

令 素より行われて、以て其の民を教うれば則ち民服す。令 素より行なわれずして、以て其の民を教うれば則ち民服せず。令の素より信なる者は衆と相い得るなり。

地形篇 ▼4章

孫子曰わく、①**地形には、通ずる者あり、挂ぐる者あり、支るる者あり、隘き者あり、険なる者あり、遠き者あり。**184ページ

我れ以て往くべく彼れ以て来たるべきは曰ち通ずるなり。通ずる形には、先ず高陽に居り、糧道を利して以て戦えば、則ち利あり。以て往くべきも以て返り難きは曰ち挂ぐるなり。挂ぐる形には、敵に備え無ければ出でてこれに勝ち、敵若し備え有れば出でて勝たず、以て返り難くして不利なり。我れ出でて不利、彼れも出でて不利なるは、曰ち支るるなり。支るる形には、敵 我れを利すと雖も、我れ出ずること無かれ。引きてこれを去り、敵をして半ば出でしめてこれを撃つは利なり。隘き形には、我れ先ずこれに居れば、必ずこれを盈たして以て敵を待つ。若し敵先ずこれに居り、盈つれば而ち従うこと勿かれ、盈たざれば而ちこれに従え。険なる形には、我れ先ずこれに居れば、必ず高陽に居りて以て敵を待つ。若し敵先ずこれに居れば、引きてこれを去りて従うこと勿かれ。遠き形には、勢い均しければ以て戦いを挑み難く、戦えば而ち不利なり。

凡そ此の六者は地の道なり。将の至任にして察せざるべからざるなり。

故に、②**兵には、走る者あり、弛む者あり、陥る者あり、崩るる者あり、乱るる者あり、北ぐる者あり。凡そ此の六者は天の災に非ず、将の過ちなり。**186ページ

夫れ勢い均しきとき、一を以て十を撃つは曰ち走るなり。卒の強くして吏の弱きは曰ち弛むなり。吏の強くして卒の弱きは曰ち陥るなり。大吏怒りて服せず、敵に遇えば懟みて自ら戦い、将は其の能を知らざるは、曰ち崩るるなり。将の弱くして厳ならず、教道も明らかならずして、吏卒は常なく、兵を陳ぬること縦横なるは、曰ち乱るるなり。将 敵を料ること能わず、少を以て衆に合い、弱を以て強を撃ち、兵に選鋒なきは、曰ち北ぐるなり。

夫れ地形は兵の助けなり。敵を料って勝を制し、険夷・遠近を計るは、上将の道なり。此れを知りて戦いを用なう者は必ず勝ち、此れを知らずして戦いを用なう者は必ず敗る。

故に戦道必ず勝たば、主は戦う無かれと曰うとも必ず戦いて可なり。戦道勝たずんば、主は必ず戦えと曰うとも戦う無くして可なり。故に③**進んで名を求めず、退いて罪を避けず、唯だ民を是れ保ちて而して利の主に合うは、国の宝なり。**188ページ

④**卒を視ること嬰児の如し、故にこれと深谿に赴くべし。**190ページ卒を視ること愛子の如し、故にこれと倶に死すべし。厚くして使うこと能わず、愛して令すること能わず、乱れて治むること能わざれば、譬えば驕子の若く、用うべからざるなり。

吾が卒の以て撃つべきを知るも、而も敵の撃つべからざるを知らざるは、勝の半ばなり。⑤**敵の撃つべきを知るも、而も吾が卒の以て撃**

つべからざるを知らざるは、勝の半ばなり。192ページ敵の撃つべきを知り吾が卒の以て撃つべきを知るも、而も地形の以て戦うべからざるを知らざるは、勝の半ばなり。

故に兵を知る者は、動いて迷わず、挙げて窮せず。故に曰わく、彼れを知りて己れを知れば、勝　乃ち殆うからず。地を知りて天を知れば、勝　乃ち全うすべし。

九地篇 ▼2章

孫子曰わく、**①用兵の法には、散地あり、軽地あり、争地あり、交地あり、衢地あり、重地あり、圮地あり、囲地あり、死地あり。**

104ページ

諸侯自ら其の地に戦う者を、散地と為す。人の地に入りて深からざる者を、軽地と為す。我れ得るも亦た利、彼れ得るも亦た利なる者を、争地と為す。我れ以て往くべく、彼れ以て来たるべき者を、交地と為す。諸侯の地四属し、先ず至って天下の衆を得る者を、衢地と為す。人の地に入ること深く、城邑に背くこと多き者を、重地と為す。山林・険阻・沮沢を行き、凡そ行き難きの道なる者を、圮地と為す。由りて入る所のもの隘く、従って帰る所のもの迂にして、彼れ寡にして以て吾れの衆を撃つべき者を、囲地と為す。疾戦すれば則ち存し、疾戦せざれば則ち亡ぶ者を、死地と為す。

是の故に、散地には則ち戦うこと無く、軽地には則ち止まること無く、争地には則ち攻むること無く、交地には則ち絶つこと無く、衢地には則ち交を合わせ、重地には則ち掠め、圮地には則ち行き、囲地には則ち謀り、死地には則ち戦う。

所謂古えの善く兵を用うる者は、能く敵人をして前後相い及ばず、衆寡相い恃まず、貴賤相い救わず、上下相い扶けず、卒離れて集まらず、兵合して斉わざらしむ。利に合えば而ち動き、利に合わざれば而ち止まる。

敢えて問う、敵　衆整にして将に来たらんとす。これを待つこと若何。曰わく、先ず其の愛する所を奪わば、則ち聴かん。兵の情は速を主とす。人の及ばざるに乗じて不虞の道に由り、其の戒めざる所を攻むるなりと。

凡そ客たるの道、深く入れば則ち専らにして主人克たず。饒野に掠むれば三軍も食に足る。謹(勤)め養いて労すること勿く、気を併わせ力を積み、兵を運らして計謀し、測るべからざるを為し、[しかる後に]これを往く所なきに投ずれば、死すとも且た北げず。死焉んぞ得ざらん、士人　力を尽くす。

②兵士は甚だしく陥れば則ち懼れず、往く所なければ則ち固く106ページ、深く入れば則ち拘し、已むを得ざれば則ち闘う。是の故に其の兵、修めずして戒め、求めずして得、約せずして親しみ、令せずして信なり。祥を禁じ疑いを去らば、死に至るまで之く所なし。吾が士に余財なきも貨を悪むには非ざるなり。余命なきも寿を悪むには非ざるなり。

令の発するの日、士卒の坐する者は涕　襟を霑し、偃臥する者は涕　頤に交わる。これを往く所なきに投ずれば、諸・劌の勇なり。

故に善く兵を用うる者は、譬えば率然の如し。率然とは常山の蛇なり。其の首を撃てば則ち尾至り、其の尾を撃てば則ち首至り、其の中を撃てば則ち首尾倶に至る。

敢えて問う、兵は率然の如くならしむべきか。曰わく可なり。夫れ呉人と越人との相い悪むや、其の舟を同じくして済りて風に遇うに当たりては、其の相い救うや左右の手の如し。是の故に馬を方ぎて輪を埋むるとも、未だ恃むに足らざるなり。勇を斉えて一の若くにするは政の道なり。剛柔皆な得るは地の理なり。故に善く兵を用うる者、手を攜うるが若くにして一なるは、人をして已むを得ざらしむるなり。

将軍の事は、静かにして以て幽く、正しくして以て治まる。[③] 108ページ 能く士卒の耳目を愚にして、これをして知ること無からしむ。其の事を易え、其の謀を革め、人をして識ること無からしむ。其の居を易え其の途を迂にし、人をして慮ることを得ざらしむ。帥いてこれと期すれば、高きに登りて其の梯を去るが如く、深く諸侯の地に入りて其の機を発すれば、群羊を駆るが若し。駆られて往き、駆られて来たるも、之く所を知る莫し。三軍の衆を聚めてこれを険に投ずるは、此れ将軍の事なり。九地の変、屈伸の利、人情の理は、察せざるべからざるなり。

凡そ客たるの道は、深ければ則ち専らに、浅ければ則ち散ず。国を去り境を越えて師ある者は絶地なり。四達する者は衢地なり。入ること深き者は重地なり。入ること浅き者は軽地なり。背は固にして前は隘なる者は囲地なり。往く所なき者は死地なり。

是の故に散地には吾れ将に其の志を一にせんとす。軽地には吾れ将にこれをして属かしめんとす。争地には吾れ将に其の後を趨さんとす。交地には吾れ将に其の守りを謹しまんとす。衢地には吾れ将に其の結びを固くせんとす。重地には吾れ将に其の食を継がんとす。圮地には吾れ将に其の塗を進めんとす。囲地には吾れ将に其の闕を塞がんとす。死地には吾れ将にこれに示すに活きざるを以てせんとす。故に兵の情は、囲まるれば則ち禦ぎ、已むを得ざれば則ち闘い、過ぐれば則ち従う。

是の故に諸侯の謀を知らざる者は、預め交わること能わず。山林・険阻・沮沢の形を知らざる者は、軍を行ること能わず。郷導を用いざる者は、地の利を得ること能わず。此の三者、一も知らざれば、覇王の兵には非ざるなり。

夫れ覇王の兵、大国を伐つときは則ち其の衆 聚まることを得ず、威 敵に加わるときは則ち其の交 合することを得ず。是の故に天下の交を争わず、天下の権を養わず、己れの私を信べて、威は敵に加わる。故に其の城は抜くべく、其の国は堕るべし。

無法の賞を施し、無政の令を懸くれば、三軍の衆を犯うること一人を使うが若し。[④] 110ページ これを犯うるに事を以てして、告ぐるに言を以てすること勿かれ。これを犯うるに利を以てして、告ぐるに害を以てすること勿かれ。これを亡地に投じて然る後に存し、これを死地に陥れて然る後に生く。夫れ衆は害に陥りて然る後に能く勝敗を為す。

故に兵を為すの事は、敵の意を順詳するに在り。敵を并せて一向し、千里にして将を殺す、此れを巧みに能く事を成すと謂う。

是の故に政の挙なわるるの日は、関を夷め符を折きて其の使を通ずること無く、廊廟の上に厲しくして以て其の事を誅む。敵人開闔すれば必ず亟かにこれに入り、其の愛する所を先きにして微かにこれと期し、践墨して敵に随いて以て戦事を決す。是の故に**始めは処女の如くにして、敵人 戸を開き、後は脱兎の如くにして、敵 拒ぐに及ばず。**[⑤] 112ページ

火攻篇 ▼6章

孫子曰わく、**凡そ火攻に五あり。**[①] 258ページ 一に曰わく火人、二に曰わく火積、三に曰わく火輜、四に曰わく火庫、五に曰わく火隊。火を行なうには因あり、因は必ず素より具う。火を発するに時あり、火を起こすには日あり。時とは天の燥けるなり。日とは月の箕・壁・翼・軫に在るなり。凡そ此の四宿の者は風の起こるの日なり。

凡そ火攻は、必ず五火の変に因りてこれに応ず。[②] 260ページ 火の内に発するときは則ち早くこれに外に応ず。火の発して其の兵の静かなる者は、待ちて攻むること勿く、其の火力を極めて、従うべくしてこれに従い、従う

べからずしてこれを止む。火 外より発すべくんば、内に待つこと無く、時を以てこれを発す。火 上風に発すれば、下風を攻むること無かれ。昼風の久しければ夜風には止む。凡そ軍は必ず五火の変あることを知り、数を以てこれを守る。

故に火を以て攻を佐くる者は明なり。水を以て攻を佐くる者は強なり。水は以て絶つべきも、以て奪うべからず。

夫れ戦勝攻取して其の功を修めざる者は凶なり。命けて費留と曰う。故に明主はこれを慮り、良将はこれを修め、利に非ざれば動かず、得るに非ざれば用いず、危うきに非ざれば戦わず。③**主は怒りを以て師を興こすべからず。将は慍りを以て戦いを致すべからず。**262ページ利に合えば而ち動き、利に合わざれば而ち止まる。怒りは復た喜ぶべく、慍りは復た悦ぶべきも、亡国は復た存すべからず、死者は復た生くべからず。故に明主はこれを慎み、良将はこれを警む。此れ国を安んじ軍を全うするの道なり。

用間篇 ▼6章

孫子曰わく、凡そ師を興こすこと十万、師を出だすこと千里なれば、百姓の費、公家の奉、日に千金を費し、内外騒動して事を操るを得ざる者、七十万家。相い守ること数年にして、以て一日の勝を争う。而るに①**爵禄・百金を愛んで敵の情を知らざる者は、不仁の至りなり。**264ページ人の将に非ざるなり。主の佐に非ざるなり。勝の主に非ざるなり。

故に②**明主賢将の動きて人に勝ち、成功の衆に出ずる所以の者は、先知なり**266ページ、③**先知なる者は鬼神に取るべからず、事に象るべからず、度に験すべからず。必ず人に取りて敵の情を知る者なり。**268ページ

故に④**間を用うるに五あり。郷間あり。内間あり。反間あり。死間あり。生間あり。**270ページ五間倶に起こって其の道を知ること莫し、是れを神紀と謂う。人君の宝なり。郷間なる者は其の郷人に因りてこれを用うるなり。内間なる者は其の官人に因りてこれを用うるなり。反間なる者は其の敵間に因りてこれを用うるなり。死間なる者は誑事を外に為し、吾が間をしてこれを知って敵に伝えしむるなり。生間なる者は反り報ずるなり。

故に⑤**三軍の親は間より親しきは莫く、賞は間より厚きは莫く、事は間より密なるは莫し。**272ページ⑥**聖智に非ざれば間を用うること能わず、仁義に非ざれば間を使うこと能わず、微妙に非ざれば間の実を得ること能わず。**274ページ微なるかな微なるかな、間を用いざる所なし。間事未だ発せざるに而も先ず聞こゆれば、間と告ぐる所の者と、皆な死す。

凡そ軍の撃たんと欲する所、城の攻めんと欲する所、人の殺さんと欲する所は、⑦**必ず先ず其の守将・左右・謁者・門者・舎人の姓名を知り、吾が間をして必ず索めてこれを知らしむ。**276ページ

敵間の来たって我れを間する者、因りてこれを利し、導きてこれを舎せしむ。故に反間得て用うべきなり。是れに因りてこれを知る、故に郷間・内間 得て使うべきなり。是れに因りてこれを知る、故に死間 誑事を為して敵に告げしむべし。是れに因りてこれを知る、故に生間 期の如くならしむべし。五間の事は主必ずこれを知る。これを知るは必ず反間に在り。故に反間は厚くせざるべからざるなり。

昔、殷の興こるや 伊摯 夏に在り。周の興こるや、呂牙 殷に在り。故に惟だ明主賢将のみ能く上智を以て間者と為して、必ず大功を成す。此れ兵の要にして、三軍の恃みて動く所なり。

◆監修者

福田晃市（ふくだ・こういち）

福岡県生まれ。大学で政治学を学んだあと、大学院で教育学を学ぶ。温故知新の精神で「現代の問題を解決する知恵を古典から学び取る」をテーマとして執筆活動等に取り組んでいる。その作品は韓国、台湾でも刊行され、ベトナムでも刊行予定。SBI大学院大学では非常勤講師として、中国兵法や朱子学を紹介している。人吉海軍航空基地跡を利用した地域振興では広報を担当。著書は『マンガでわかる孫子の兵法』（新星出版社）、『難しいことはわからないので、「孫子の兵法」について世界一わかりやすく教えてください』（ＳＢクリエイティブ）、『実践版「孫子の兵法」で勝つ仕事術』（明日香出版社）、『人の上に立つ前に読んでおきたい！中国古典』（彩図社）、『孫子の「兵法」に学ぶ仕事力実践ワークブック』（秀和システム）など多数。

『孫子』の全文の原文・注釈・翻訳について、下記のＵＲＬで紹介しています。本文を読んで興味を持った方は、ぜひご覧になってください。なお予告なしに公開を終了する場合もありますので、あらかじめご了承ください。
http://www.geocities.jp/fukura1234/omake/hyousi.htm

◆スタッフ

編集協力／株式会社スリーシーズン（藤門杏子）
本文デザイン・DTP／Zapp!（片野宏之・宮川真緒）
漫画／サノマリナ
シナリオ／清水めぐみ
イラスト／池田圭吾
執筆協力／入澤宣幸
編集担当／ナツメ出版企画株式会社（森田直）

「孫子の兵法」に学ぶ 評価される人の仕事術

2017年4月1日　初版発行

監修者　福田晃市
発行者　田村正隆

発行所　株式会社ナツメ社
東京都千代田区神田神保町 1-52 ナツメ社ビル 1F（〒101-0051）
電話　03（3291）1257（代表）　FAX　03（3291）5761
振替　00130-1-58661
制　作　ナツメ出版企画株式会社
東京都千代田区神田神保町 1-52 ナツメ社ビル 3F（〒101-0051）
電話　03（3295）3921（代表）
印刷所　ラン印刷社

ISBN978-4-8163-6194-4
Printed in Japan

本書に関するお問い合わせは、上記、ナツメ出版企画株式会社までお願いいたします。

〈定価はカバーに表示してあります〉
〈落丁・乱丁本はお取り替えします〉